新一代人工智能 2030——机器人科普系列丛书

基于Micro:bit的Python编程基础

主　编　唐永晨

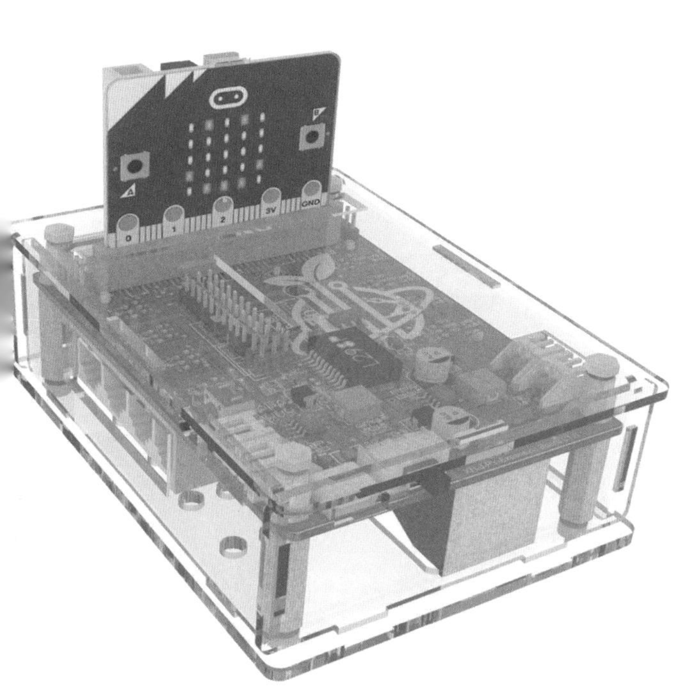

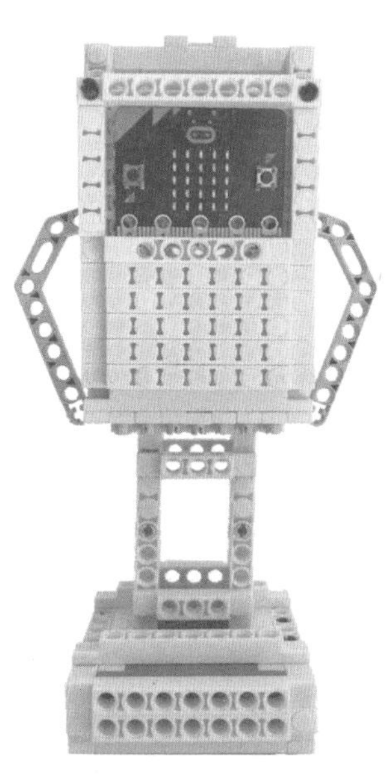

西南交通大学出版社
·成　都·

图书在版编目（C I P）数据

基于 Micro: bit 的 Python 编程基础 / 唐永晨主编. —
成都：西南交通大学出版社，2022.11
ISBN 978-7-5643-8989-5

Ⅰ. ①基… Ⅱ. ①唐… Ⅲ. ①软件工具－程序设计－
教材 Ⅳ. ①TP311.561

中国版本图书馆 CIP 数据核字（2022）第 199610 号

新一代人工智能 2030——机器人科普系列丛书
Jiyu Micro: bit de Python Biancheng Jichu
基于 Micro: bit 的 Python 编程基础

主　编 / 唐永晨

责任编辑 / 何明飞
封面设计 / 郭小诚

西南交通大学出版社出版发行
（四川省成都市金牛区二环路北一段 111 号西南交通大学创新大厦 21 楼　610031）
发行部电话：028-87600564　028-87600533
网址：http://www.xnjdcbs.com
印刷：四川煤田地质制图印刷厂

成品尺寸　185 mm × 260 mm
印张　11.5　　字数　186 千
版次　2022 年 11 月第 1 版　　印次　2022 年 11 月第 1 次

书号　ISBN 978-7-5643-8989-5
定价　52.00 元

编委会

主　　编：唐永晨

副 主 编：葛鼎新　田玉珠　单彦博

毛华铮　柳延领　李　杰

编　　委：郝晶晶　董　浩　张文娟

电脑插图：张　辰　杨　楠　郭子彦

孙思佳　王景宏　李楷楠

手绘插图：陆晓宁　郭小诚

前　言

“人才”是科技的第一原动力，人才潜力的激发，是创造新事物的催化剂。随着信息化、智能化的不断发展，计算机编程逐步进入人们的视野，也编织着人们对未来世界的期盼。

本书是面向中学生，以 Python 编程语言应用科普为目的，基于可编程控制板 Micro:bit 为学习对象，学习 Python 编程语法、传感器感知检测、自动控制、物联网远程控制和实际操作等相关技术的一本综合性机器人科普教材。

本书共分为 18 课，利用情景式引入法，将生活中存在的各种使用智能化设备的场景展现给学生，并借助 Micro:bit 控制板实现。本书的前 17 课，不仅讲述了 Micro:bit 控制板上板载硬件的工作原理和编程控制方法，内容涵盖 LED 点阵屏、四角按键、GPIO、触摸点电容、声音与语音、加速度传感器、电子罗盘等，还讲述了 Micro:bit 外接电机、舵机、超声波传感器、LCD 显示屏等设备的工作原理和编程控制方法。第 18 课让学生们开动脑筋设计创造自己的作品。整个过程寓教于乐，学以致用。

书中通过“拓展提高”引申每节课的知识点，让学有余力的学生提高思维层次，扩展学生的眼界；通过“目标检测”让学生对自己在本课程中学到的内容进行总结。本书由简到繁、深入浅出，让学生在快乐中感受机器人课程的魅力。同时，在学习中培养学生发现问题、搜索答案、思考应用、分析组成、设计创造的能力。学生一旦掌握了这些技能,在今后的学习和生活中便会有更深刻的理解和更大的收获,并为自身的发展打下良好的基础，成为未来科技的栋梁，也能为社会及科技的发展做出不可估量的贡献。

在编写本书的过程中，编者参考了 Micro:bit 基金会官方手册，同时得到了唐山新禾智能科技有限公司的技术支持和硬件支持，在此表示特别感谢！由于本书涉及的知识面广，时间仓促，限于编者的水平和经验，疏漏之处在所难免，恳请专家和读者批评指正。

接下来，孩子们将会跟随我们的脚步，一起去探索 Python 编程的奥秘，步入奇妙的科技殿堂。

编 者

2022 年 6 月

安全提示

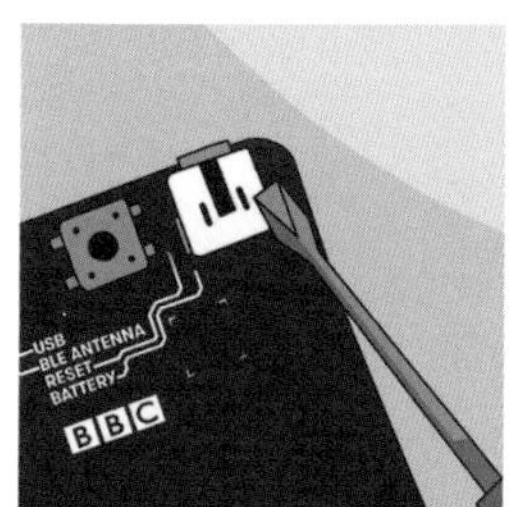

X 不要将任何金属物体放置在Micro:bit的电池盒插座上

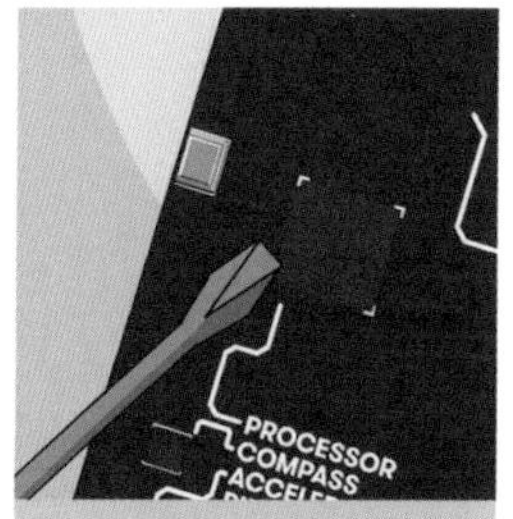

X 不要将任何金属物体放置在印刷电路板上，因为这可能导致短路

√ 请在通风良好的房间中操作Micro:bit

√ 只能将Micro:bit连接到额定电压为3V的电源上

X 不要将Micro:bit插入任何未受监控的设备

X 不要在水中或者湿手上使用Micro:bit

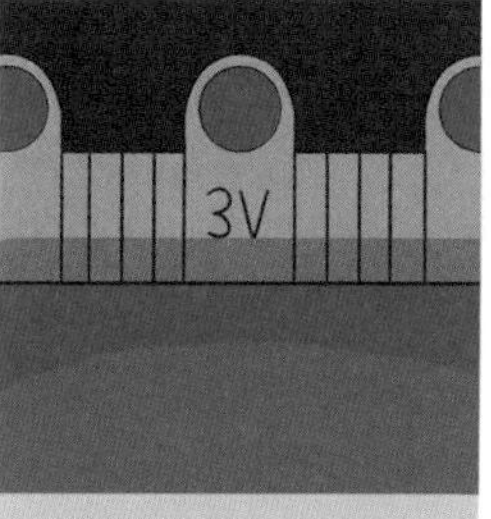

√ 供应给外部电路使用的3V边缘连接器的最大安全电流是100mA

√ 请拿好Micro:bit的边缘

X 不要将Micro:bit放置在8岁以下儿童能够得到的地方

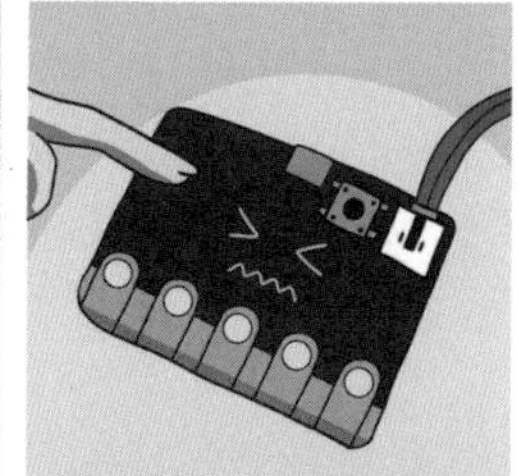
X 当插入电源时，请不要操作Micro:bit的电路板

√ Micro:bit使用的所有导线和附件应该符合相关标准并标明相关信息

√ 只能使用锌碳电池或碱性电池并遵循所有电池安全提示

X 任何非认证的产品连接Micro:bit都有可能损坏它

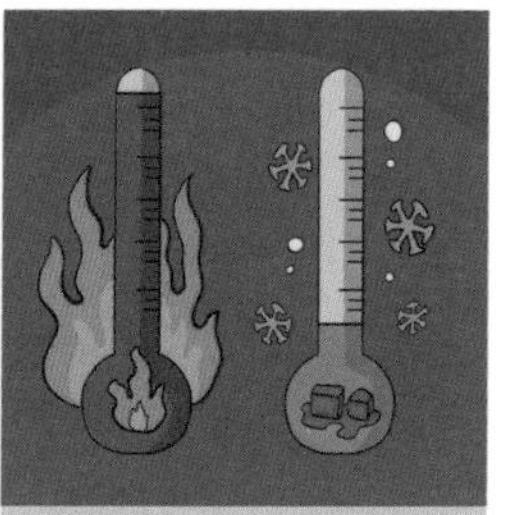
X 不要在极度热或者冷的环境中储存或者使用Micro:bit

目录

01 欢迎来到编程的世界

关键词：Micro:bit、Python

同学们，随着时代的发展与进步，自动化和人工智能遍及我们的生活。机器人索菲亚（见图 1.1）刚问世的时候，人们感叹于她能与人类自由会话，并用面部表情传递信息。几年时间过去，服务型机器人可以在图书馆、医院、公园等人流密集场所提供引流、咨询、带路服务，大大减轻了运营压力。这些功能都离不开智能控制与编程，接下来的课程里，让我们一同来利用 Micro:bit 控制板，领略用代码操控现实的魔力吧！

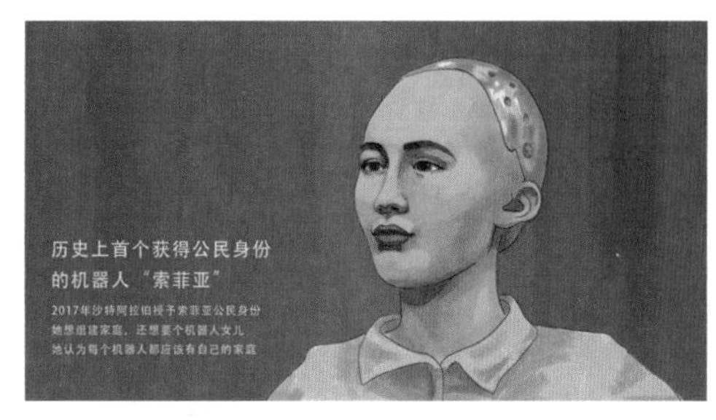

图 1.1 索菲亚

1 Micro:bit 项目介绍

1.1 Micro:bit 是什么？

Micro:bit 是专门为青少年编程教育设计的微型计算机开发板,如图 1.2 所示。简单来说，Micro:bit 是一个学习编程的工具，目的是让青少年积极参与硬件制作和软件编程。Micro:bit 的开发板尺寸很小,但板载电子模块种类丰富，支持当下多种编程语言，简单易用。

图 1.2 Micro:bit 微型开发板

1.2 用 Micro:bit 能做什么？

Micro:bit 控制板上不仅板载各种硬件模块，还可以连接外部设备，支持读取传感器数据，控制舵机与 RGB 灯带。我们可以利用 Micro:bit 制作各种酷炫的小装置，例如笔筒、机器人小车等，如图 1.3 所示。

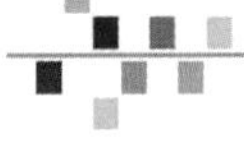

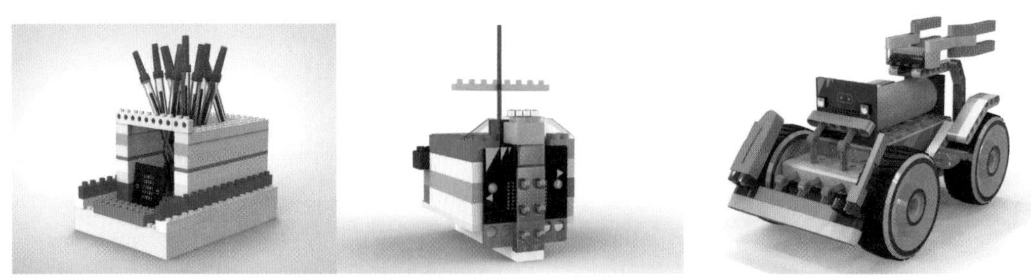

图 1.3 利用 Micro:bit 制作的笔筒、小车等

2 Micro:bit 硬件组成部分

2.1 Micro:bit 的正面

Micro:bit 的正面包括可编程按钮、LED（发光二极管）点阵、边缘连接器、USB 连接器、麦克风指示灯和触摸 logo 六部分（见图 1.4）。

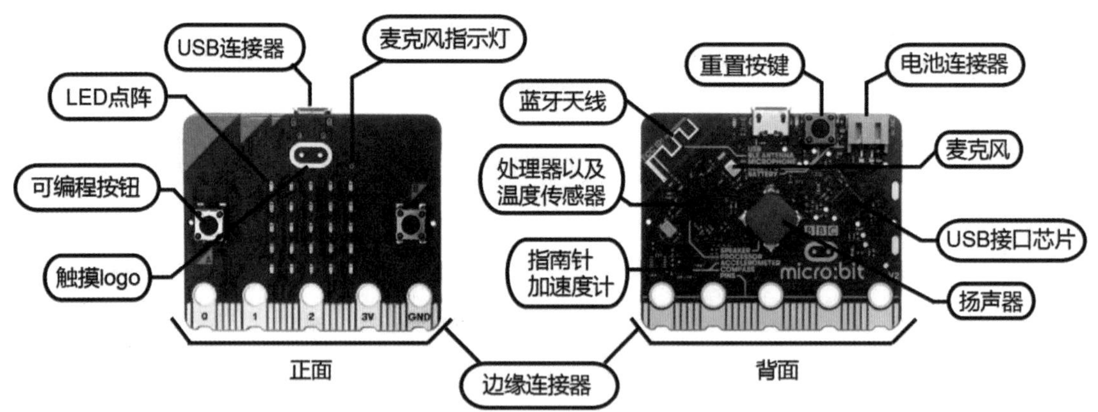

图 1.4 Micro:bit 的正反面视图

（1）可编程按钮：Micro:bit 有两个可编程按钮 A 和 B,按压它们可以自定义各种动作。

（2）LED 点阵：Micro:bit 的显示屏主要是由 5×5 个可编程 LED 点阵排列组成，可以显示文本、数字和图案。

（3）边缘连接器：Micro:bit 的边缘连接器共有 25 个外部接口，这些接口称为“GPIO 引脚”，它可以用来为电机、LED 灯、其他带引脚的电子元器件编程，或者连接传感器进行控制。

（4）USB 连接器：使用 USB 数据线可以将 Micro:bit 连接到计算机上，不仅可以为 Micro:bit 供电，还可以为 Micro:bit 传输程序。

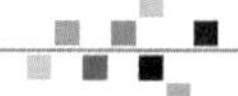

（5）麦克风指示灯：当使用麦克风进行声音录制时会亮起。

（6）触摸 logo：Micro:bit 的触摸 Logo 包含点按、长按和松开三种状态。其中，点按是指触碰一下立刻松开；长按是指触碰超过 2 s；松开是指非触碰状态。

2.2 Micro:bit 的反面

Micro:bit 的反面包括处理器及温度传感器、加速度计、指南针、扬声器、麦克风、蓝牙天线、重置按钮、电池连接器。

（1）处理器（Nordic nRF52833）：主要有处理指令、执行操作、控制时间、处理数据四个作用。

（2）加速度计：用来测量 Micro:bit 的加速度，可以检测 Micro:bit 的移动、倾斜、摇动及自由落体。

（3）指南针：用于检测磁场强度和方向。

（4）扬声器：即喇叭，可以播放声音。

（5）麦克风：即话筒，可以接收我们的声音，通过声音的大小（在 Micro:bit 中使用响度来标识），对 Micro:bit 实现控制。

（6）蓝牙天线：2.4 GHz 蓝牙低功耗无线网络，Micro:bit 用于接收和传输蓝牙信息。可以让 Micro:bit 和计算机、手机以及平板进行无线通信。

（7）重置按键：相当于计算机的重启键，通过重置 Micro:bit 来重启当前运行程序。

（8）电池连接器：使用两节 5 号或 7 号电池为 Micro:bit 供电。

（9）USB 接口芯片：使用 NXP KL27Z 芯片，是 USB 和处理器之间的通信接口。

3　为 Micro:bit 供电

Micro:bit 支持多种供电方式，常用的有两种方法：一种是利用电池连接器连接合适的电池为 Micro:bit 供电，另一种是使用 USB 接口为 Micro:bit 供电。

3.1 使用电池供电

使用电池供电需要的组件：两节 5 号或 7 号电池（类型相同），带导线的电池盒。使用电池为 Micro:bit 供电的操作步骤：

（1）将两节电池正确放入电池盒中。

（2）将电池盒的 JST 连接器连接到 Micro:bit 的电池连接器上，如图 1.5 所示。

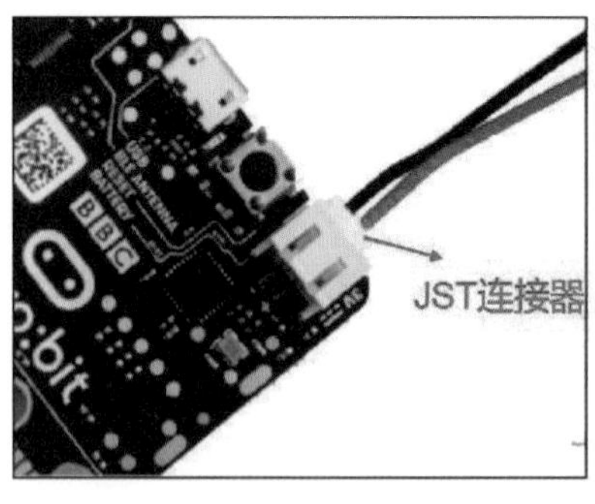

图 1.5 将 JST 连接器连接到电池连接器上供电

3.2 使用 USB 供电

使用 USB 接口为 Micro:bit 供电的操作步骤：

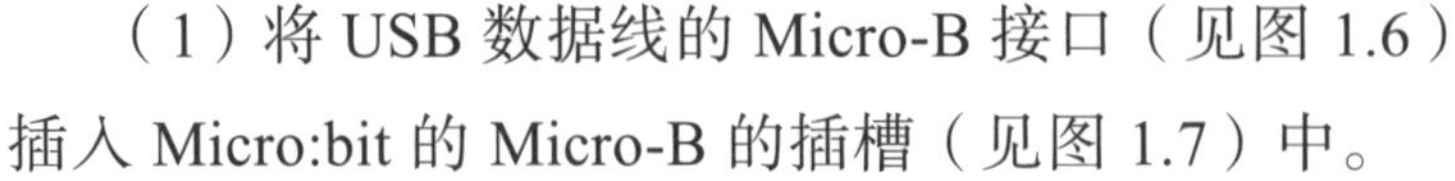

（1）将 USB 数据线的 Micro-B 接口（见图 1.6）插入 Micro:bit 的 Micro-B 的插槽（见图 1.7）中。

（2）将 USB 数据线的 Type-A 接口（见图 1.6）与计算机的 USB 接口（见图 1.8）相连。

当 Micro:bit 背面的黄色指示灯亮起时，说明 Micro:bit 已经通电（见图 1.9）。

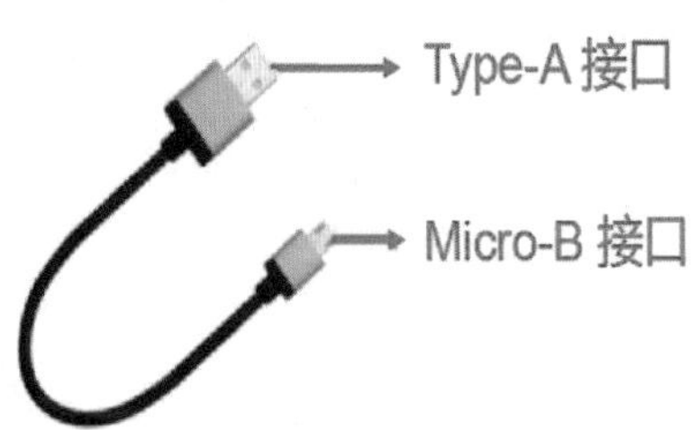

图 1.6　USB 数据线 Type-A 及 Micro-B 接口

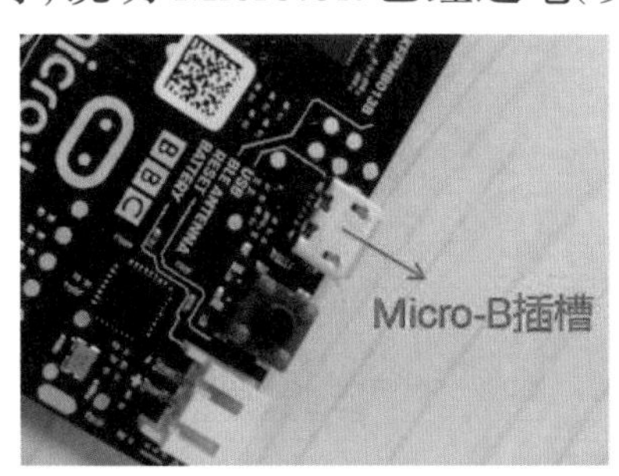

图 1.7 Micro:bit 的 Micro-B 插槽

图 1.8 计算机 USB 接口

图 1.9 利用 Micro USB 数据线供电

4　Micro:bit 的编程语言

程序，也被称为源代码，是一组计算机能识别和执行的指令或语句，运行于计算机上，满足人们某种需求的信息化工具。

程序上的语句多数都是由英语单词编写的，但是它们有严格的、不同于英

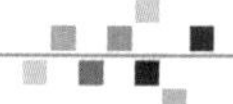

语的语法和规则。Micro:bit 支持很多种编程语言，如 JavaScript、MicroPython 以及 Scratch、米思齐等图形化语言。本书是基于 MicroPython 语言撰写的，它是 Python3 语言（见图 1.10）的精简版本。

MicroPython 是 Python3 语言的精简高效实现，包括 Python 部分的标准库，经过优化可在微控制器（MCU）和受限环境中运行（见图 1.11），是专门设计在微控制器上的 Python 语言版本。使用 MicroPython 语言进行编程，本质上与使用 Python3 是相同的，因此，通过本书学会的 MicroPython 编程技能，将来完全可以应用到 Python3 编程项目中。

图 1.10　Python3 图标

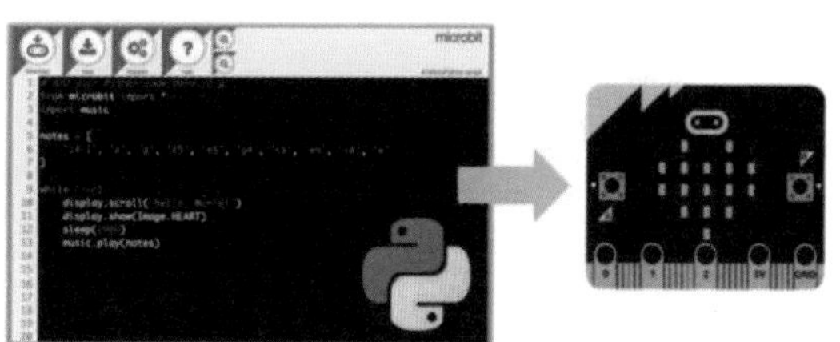

图 1.11　MicroPython 在 MCU 中运行

5　Micro:bit 的开发环境

5.1 使用在线 Python 编辑器创建程序

1. 创建 MicroPython 程序

首先确保计算机可以连接到互联网，然后打开：http://python.microbit. org/v/2。该网址是 Micro:bit 官方网站下的编程页面，在这里可以使用 Web 浏览器进行 MicroPython 编程。

打开网址之后，可以看到上面有一段代码（见图 1.12），这段代码的作用是在 Micro:bit 正面的 25 个 LED 点阵上面滚动展示“Hello，World!”和一个爱心形状，然后停顿 2 s 后，继续循环展示。

2. 将程序从浏览器中下载到本地计算机

通过点击页面上的“Load/Save”按钮（见图 1.13），将页面上的示例程序下载到本地计算机。需要注意的是，下载页面有两种格式的程序可供选择：一种是.py 格式（见图 1.14），这是 Python 代码的源文件；另一种是.hex 格式（见图 1.15），页面上的程序会

进制介绍

转化为十六进制[1]文件（.hex）。

3. 连接计算机

利用 USB 数据线将 Micro:bit 连接到计算机上（见图 1.9）。

4. 下载文件

将 microbit program.hex 文件下载到桌面上（见图 1.16），然后将文件复制到 Micro:bit 驱动器中（见图 1.17）。

在传输过程中，Micro:bit 背面的系统指示灯会闪烁，程序复制完毕，系统指示灯停止闪烁。需要注意的是，如果程序中包含语法错误，在程序上传到 Micro:bit 时，LED 点阵显示器就会显示错误提示。

5. 运行程序

程序被保存在 Micro:bit 中，自动运行。

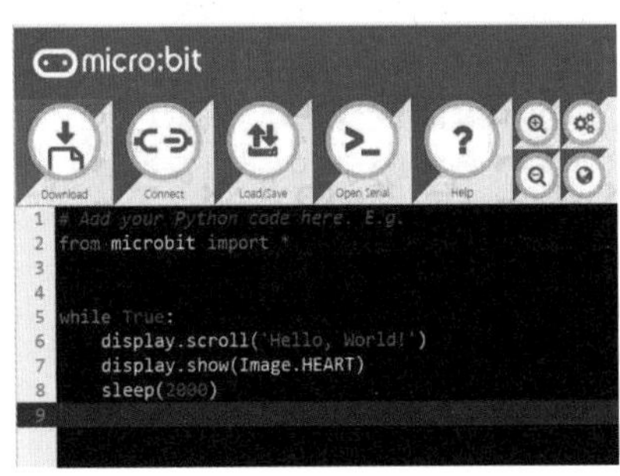

图 1.12 在线 Python 编辑器

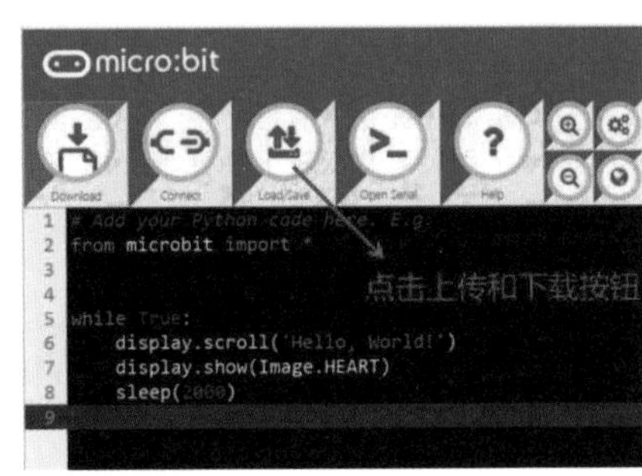

图 1.13 “Load/Save”按钮

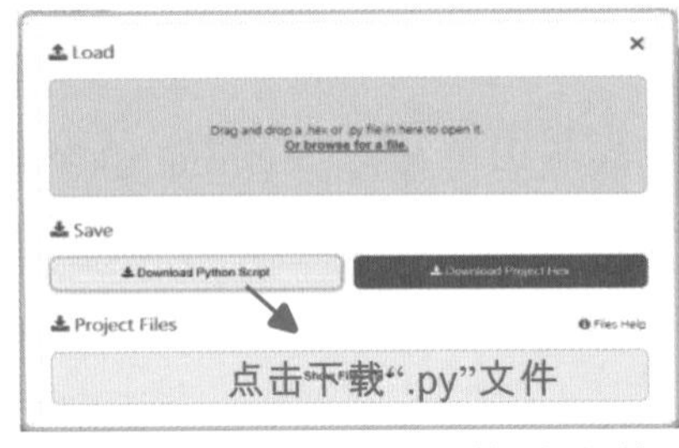

图 1.14 下载“.py”格式文件

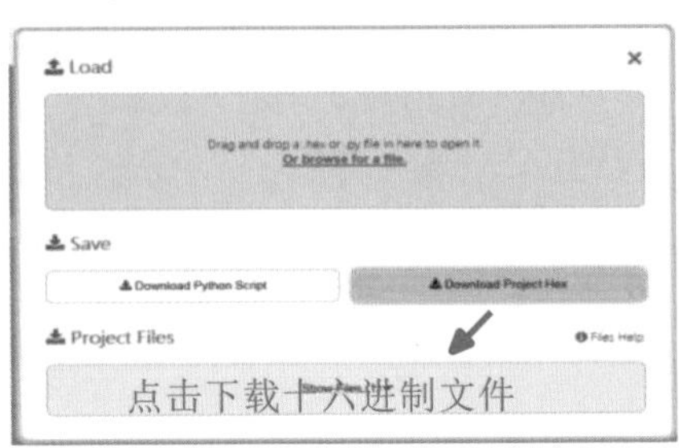

图 1.15 下载“.hex”格式文件

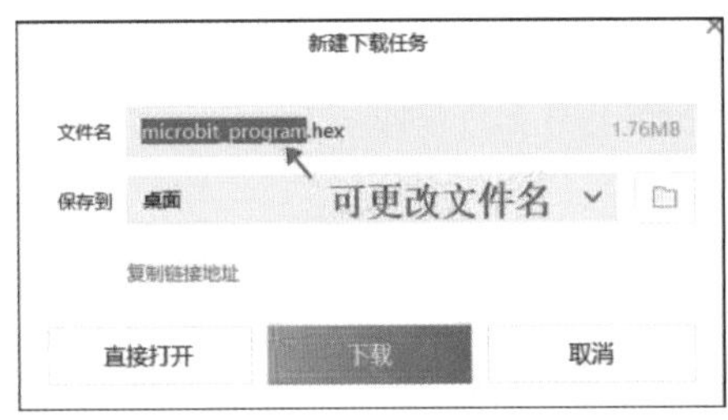

图 1.16 保存 Python 源文件到本地

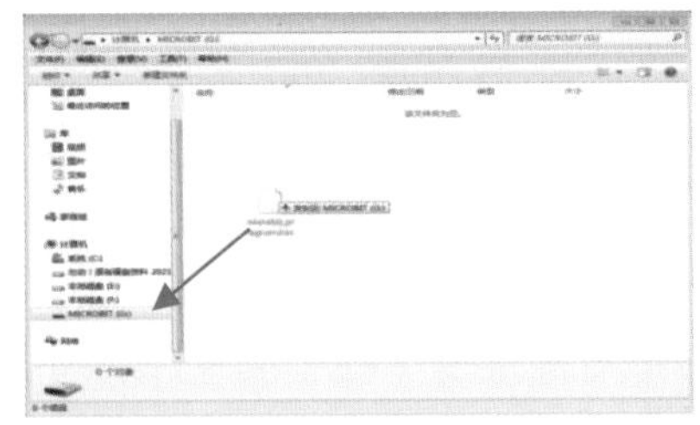

图 1.17 将.hex 文件复制到 Micro:bit 中

① 进制：即进行进位数制，是人为定义的带进位的计数方法。

5.2 使用 Mu 编辑器创建程序

1. 认识 Mu 编辑器

Mu 编辑器是最简单的 MicroPython 的编辑器之一，是在 Windows、OSX、Linux 系统环境下都可应用的跨平台编辑器，便于初学者使用。

在使用 Mu 编辑器之前，必须先将其安装在本地计算机上。Mu 编辑器的获取网址是 https://codewith.mu/en/download，在这里可以根据计算机的系统环境，选择对应版本的软件安装包进行安装。这样即使没有网络，也可以在计算机上编程。

安装完 Mu 编辑器之后，双击打开，可以看到 Mu 编辑器界面（见图 1.18），工具栏内列出了常用的工具按钮，代码编辑区可供开发者编程，状态栏显示编辑器状态。

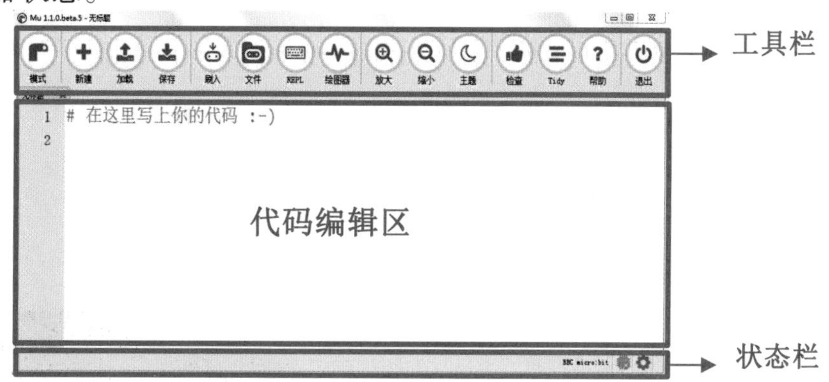

图 1.18　Mu 编辑器界面

Mu 编辑器主要功能按钮的作用如下：

模式按钮：用于切换开发板类型，本书使用的是 Micro:bit 开发板。

新建按钮：在 Mu 编辑器中打开一个空白页，开始编辑一段新代码。

加载按钮：从计算机中加载“.py”程序文件。

保存按钮：将代码以标准的 Python 文件格式“.py”保存到本地计算机。

刷入按钮：可以一键将代码复制到 Micro:bit 的内存中。

文件按钮：显示 Mu 编辑器已经创建的库文件列表。

REPL 按钮：允许用户在交互状态下输入单行代码时，检验其正确性。

绘图器按钮：在本地计算机连接可被识别的绘图器设备之后，使用该按钮查看图形状态。

放大/缩小按钮：改变代码编辑区内字母的大小。查看图形状态。

主题按钮：切换编辑器背景颜色，有黑底白字、灰底白字和白底黑字三种模式。查看图形状态。

检查按钮：检查代码语法和拼写错误，代码上的语法错误会被加上下划线，并将检测结果显示在状态栏。

Tidy 按钮：整理程序中不规范的代码，可以消除部分格式错误。

帮助按钮：点击该按钮，可以查看官网上的帮助文件。

退出按钮：关闭 Mu 编辑器。

2. 编程步骤

程序功能：在 Micro:bit 点阵上显示一个心形图形。

（1）在编辑区域编写如下代码：

```
# 示例程序
from microbit import *
display.show(Image.HEART)
```

（2）点击 检查按钮，判断程序的正确性。

（3）用 micro USB 数据线连接 Micro:bit 与计算机。

（4）点击刷入按钮后，Mu 编辑器会检测并识别连接 Micro:bit，并自动将编译后的文件复制到 Micro:bit 上。

在代码复制到 Micro:bit 的过程中，Micro:bit 背面的 LED 状态灯会一直闪烁。代码复制完成之后，LED 灯停止闪烁，程序在 Micro:bit 上运行，点阵显示屏上显示心形图标，如图 1.19 所示。

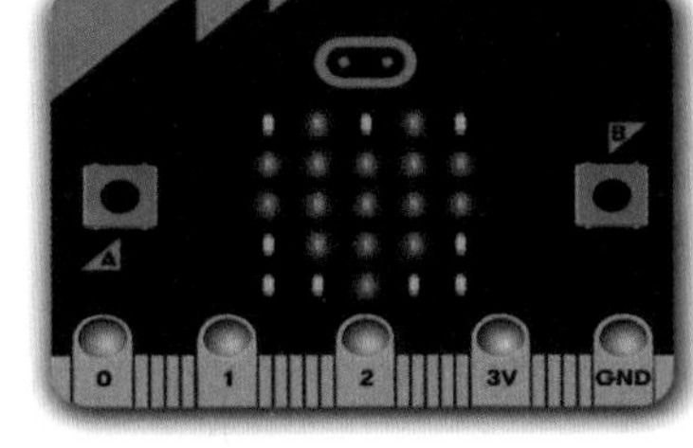

图 1.19 心形图标

注意事项

> 关于程序编写的语法要求：
>
> - 大小写敏感，不可混用。
> - 拼写必须正确，所有代码必须使用英文半角符。
> - 标识符，如“#”与内容之间应有空格。“#”+“空格”后面的代码将作为注释，颜色变灰，在程序运行时将跳过这一行。
> - 必须在关键字后面输入句点“.”，如“Image.”。
> - 程序以一行空白程序结尾。

3. 示例程序解析

（1）程序第一行是代码的文件名字和功能，用“#”注释，供开发者查看，这一行代码不被执行。

（2）第二行“from microbit import *”的意思是告诉 MicroPython 我们将要用到 Micro:bit 模块中的函数，“from”是“从……地方”，“import”是导入，“ * ”在这里的意思是所有。所以“from microbit import *”就是从 Micro:bit 模块中导入所有东西，在使用 Micro:bit 时的每个程序都要先导入这个模块。

（3）第三行的“display.show()”意思在 Micro:bit 点阵上显示一个内置图像，display 是一个实例对象（就像现实中的一个物品），只是它被包含在 Micro:bit 里面。“display.show”的意思就是使用 display 这个对象里面的 show()方法，这个方法的作用是显示一个内置图像，而这个内置的图像就是“(Image.HEART)”，一个心形图像，除了心形图像以外，还有很多图像可供选择，具体可参考右侧二维码链接的内容。

- Image.SMILE （笑脸）
- Image.SAD （沮丧）
- Image.CONFUSED （困惑）
- Image.ANGRY （生气）

Python 的内置图

4. 更多尝试

Micro:bit 控制板已经定义好显示数字和文本的函数，只需要调用相应的函数就可以实现。尝试在代码编辑区内输入：

```
# 显示数字 9
from microbit import *
display.show(9)
```

然后输入以下代码，观察点阵屏上的显示有什么不同。

```
# 显示文字 9
from microbit import *
display.show("9")
```

代码解析

display.show(9)：显示数字 9；display.show（"9"）：显示文本 9。需要显示的文本，必须使用引号括起来，单引号或双引号都可以，大小写字母都能显示，但不能显示汉字。

目标检测

同学们，学习完本节课你们是否已经掌握了以下知识点？请回顾学习过程，自我检测一下吧!

- ☐ Micro:bit 的定义及应用。
- ☐ 为 Micro:bit 供电的两种方法。
- ☐ 使用在线 Python 编辑器和 Mu 编辑器创建程序代码。
- ☐ 了解 Micro:bit 的编程语言。
- ☐ 简述 Micro:bit 的组成部分，以及各部分的作用。
- ☐ 尝试在代码编辑器编写心形图案代码，并说明语句功能。

拓展提高：计算机如何听懂人类的语言?

计算机 CPU 内部由数量庞大的电路组成，这些电路只有两种工作状态，导通（1）和截止（0）。因此计算机能直接读懂的语言，就是由这些二进制代码（0 和 1）组成的机器码。机器码是计算机能直接识别的程序语言或指令代码，不需要经过翻译，每种机器码组成的操作码在计算机内部都有相应的电路来完成它，从使用的角度来看，机器码是最低级（接近硬件层）的语言。

由于机器码是一大串 0 和 1 组成的代码，很少有人能直接读懂，所以就有计算机工程师将这些 0 和 1 所代表的指令编辑成册，这就是指令集。每一款 CPU 都有自己对应的指令集。由于 CPU 种类繁多，这些指令集现在只有极少数在 CPU 生产厂的工程师使用，真正被广大程序员所使用的是高级语言。

高级语言最大的特点是它接近自然语言，可读性大大增强，了解简单的语法后，即使没有系统学过计算机编程，也可以读懂程序的大概意思。

高级语言所编制的程序不能直接被计算机识别，必须经过转换才能被执行，（见

图 1.20）按照转换方式可以将这些高级语言分为两类：编译型和解释型。

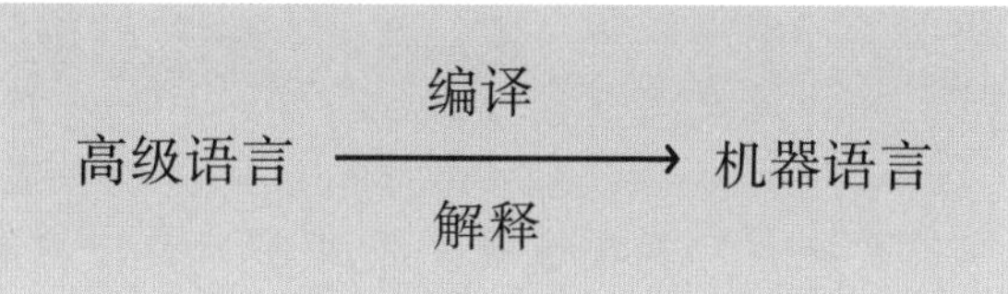

图 1.20　高级语言和机器语言的关系

1. 编译型语言

编译型语言是指程序在执行之前有一个专门的编译过程，把程序源文件编译为机器语言的文件。简单来说，编译型语言就像是翻译家一次性把整本书翻译完成，将翻译完成的语言一次性输入计算机，让其执行（见图 1.21），运行时不需要重新编译，执行效率高；但编译型语言的缺点是依赖编译器，跨平台性差。

例如，C 语言程序的执行过程，要先将后缀为.c 的源文件通过编译、链接为后缀为.exe 的可执行文件，才能运行。

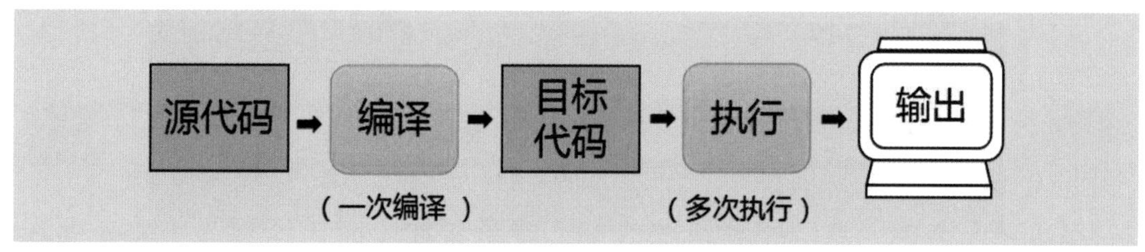

图 1.21　编译型语言的执行方式

2. 解释型语言

解释型语言的执行方式类似于我们日常生活中的“同声传译”，指源代码不需要预先进行编译，在运行时，要先解释再运行（见图 1.22）。解释型语言执行效率低，但跨平台性好。

例如，Python 程序执行过程，就可以逐行运行（运行前有解释的过程）。

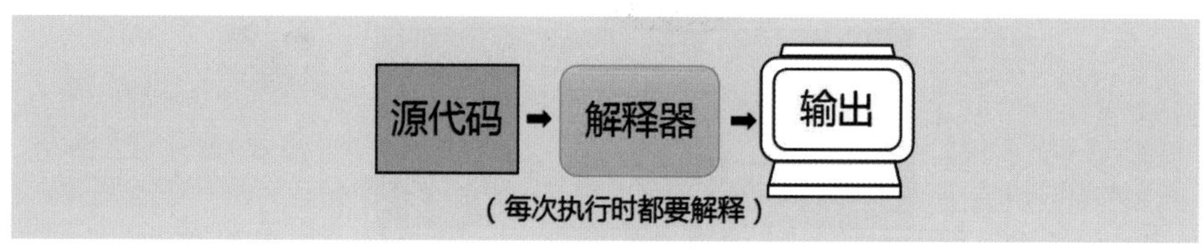

图 1.22　解释型语言的执行方式

02 简单控制原理

关键词：控制系统、流程图、类、对象

发现问题

同学们，你们知道服务型机器人吗？它可以和人类聊天，并且对人类的指令做出反应，也会根据谈话的内容和当时的环境做出相应的面部表情变化（见图 2.1），与人类进行互动，显得生动有趣。那你知道机器是如何依据外部条件做出相应动作变化的吗？让我们一起来学习一下吧！

图 2.1 服务型机器人的表情

搜索答案

在机器的内部，有一个像人类大脑一样的东西，叫作控制器（或处理器，见图 2.2），它可以对外部指令和环境变化做出相应的逻辑判断，然后控制外部的执行机构做出预先设计好的动作。

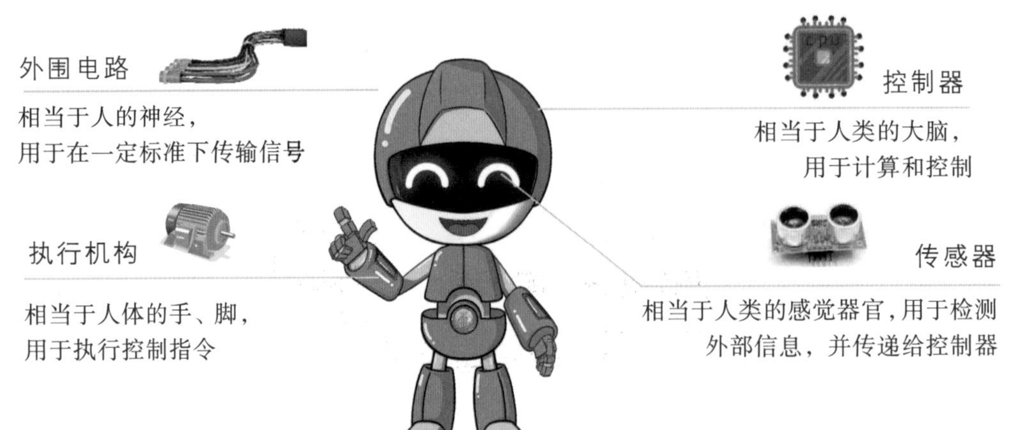

图 2.2 控制系统各部分

从图 2.2 中可以看出，对于人类来说，信号是从眼睛、耳朵等感觉器官传入大脑的，经过大脑的分析判断后，控制手脚去执行一定的动作。对于一个智能控制项目来说(见图 2.3)，外界的物理变化，通过传感器转变成电信号后，经电路传入控制器。控制器分析和判断之后，控制执行机构(如电机、屏幕)完成指定动作。

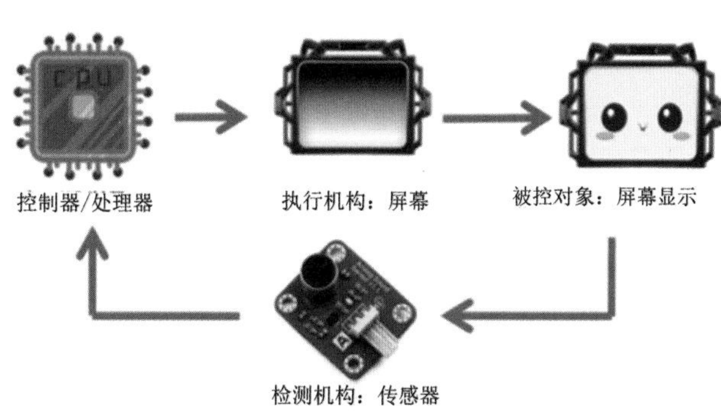

图 2.3　控制系统工作原理

控制器各部分组成介绍

- **控制器：** 控制器里存放了编译好的程序指令，是机器人的大脑。控制器接收传感器传回的数据，进行运算分析后输出信号，控制执行器动作。
- **检测机构：** 通常指传感器，即"传递感觉的机器"，是将外界物理信号转化为电信号后，传递给控制器的一种检测装置。
- **执行机构：** 听从控制器命令的执行装置，常用的有电机、灯、蜂鸣器等。执行机构将接收到的电信号转化为其他信号，将电能转化为其他能量，进而改变被控对象。
- **被控对象：** 需要对某个特定的物理量进行控制的设备或过程。

思考应用

控制器拥有强大的逻辑运算能力，那人们是如何利用程序表达自己的控制意图并对其进行编程的呢?

每当我们想做一件事(目的)的时候，我们都会思考该怎么做(方法)，这就是最自然的、朴素的算法，对计

算机也是如此。算法（Algorithm）是指解决方案的准确而完整的描述，是一系列解决问题的清晰指令，算法代表着用系统的方法描述解决问题的策略机制。简而言之，算法是计算机解决问题的处理步骤。

>>> 定义 <<<

程序流程图：通过对输入、输出数据和处理过程的详细分析，将计算机的主要运行步骤和内容，用统一规定的标准符号（见表 2.1），表示出各项操作或判断的图示，是算法的图形化表示。

表 2.1 常用流程图例

图形	名称	意义	图形	名称	意义
（圆角矩形）	起止框	表示一个算法的开始和结束	（菱形）	判断框	判断条件是否成立
（平行四边形）	输入/输出框	表示外界输入和输出的信息	（折线箭头）	流程线	连接程序框
（矩形）	执行框	表示赋值、计算等指令步骤	（圆形）	连接点	连接两个程序框图

流程结构

· 顺序结构：算法最基本的结构，表示按照排列好的顺序逐一执行指令。
· 选择结构：表示根据条件来决定是否执行，通常会有两个执行内容，必须选择其中一个执行。
· 循环结构：确定好要重复执行的内容（循环体），只要满足判断条件，就一直重复执行。

流程的基本结构如图 2.4 所示。

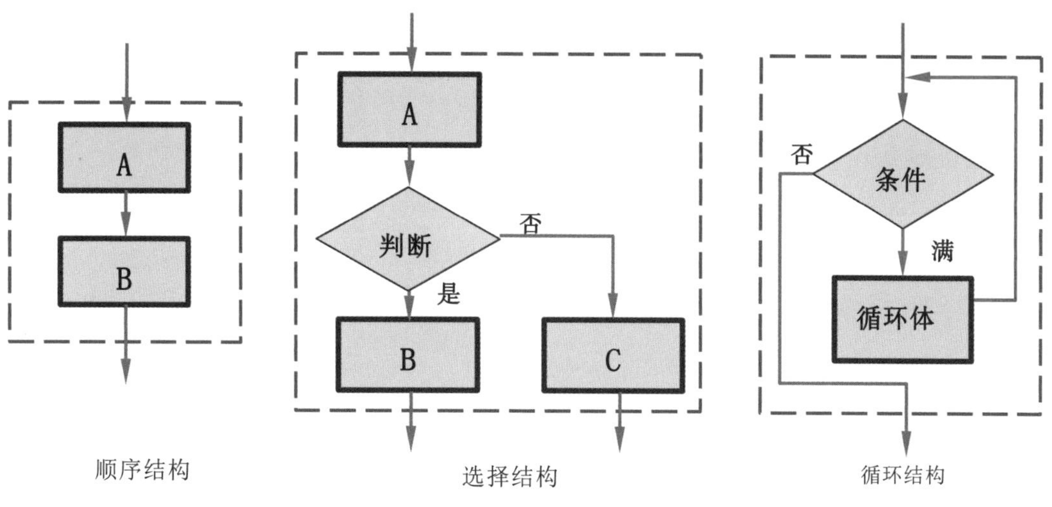

图 2.4 流程图基本结构

分析组成

同学们，观察一下，服务型机器人是由哪几个部分组成的？请发挥想象，设计自己的模型吧！

结构分析

编程语法

（1）让机器人依次显示微笑、伤心、生气、疑惑的表情。

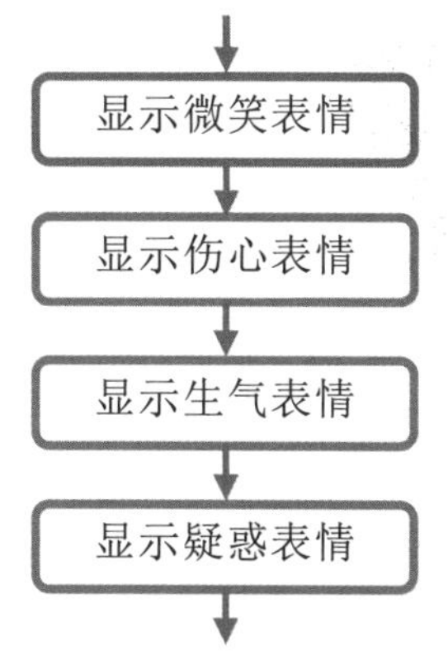

功能分析：

依次显示一系列表情，符合顺序结构。

```
# 利用顺序结构显示一系列表情
from microbit import *
display.show(Image.SMILE)      # 在 LED 点阵显示屏上显示微笑表情
sleep(2000)                    # 等待 2 s
display.show(Image.SAD)        # 在 LED 点阵显示屏上显示伤心表情
sleep(2000)                    # 等待 2 s
display.show(Image.ANGRY)      # 在 LED 点阵显示屏上显示生气表情
sleep(2000)                    # 等待 2 s
display.show(Image.CONFUSED)   # 在 LED 点阵显示屏上显示疑惑表情
sleep(2000)                    # 等待 2 s
```

小知识 1：类、对象、方法和属性之间的关系

Python 从设计之初就是一门面向对象的语言。为了更好地理解面向对象的设计思想，可以把自己想象成是一个画家，世间存在的万物皆为对象，不存在的也可以创造出来。比如，你想要创作一幅风景画，可以在画里画出各种各样的生物，如白杨树、柳树、花草、动物等。那么身为画家，你可以把白杨树、柳树等具有相同属性和能力的对象看成是同一类（Class）的事物，如树类，这就相当于你拥有了一个蓝图或者模板，可以仿照它再去创作其他的树种，如梧桐树（只需要在树类通用的特征上稍加修改）。这里的梧桐树、柳树、白杨树就是树类里面包含的对象（Object）。每一个对象都可以通过其属性（特征）和行为（方法）来进行描述，如梧桐树的属性有大叶片、厚树皮，梧桐树的行为方法可以是随风摇摆等，如图 2.5 所示。

类（同类抽象）

对象（具体实例）

属性（特征）

行为（方法）

图 2.5　类、对象、属性和方法之间的关系

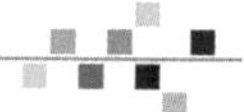

类比到 Python 程序上，display（点阵显示器）就是对象，show()就是对象的方法。通过 show()方法显示出图片、文字、数字等内容。在 Python 中，能实现某一功能的代码称为函数，函数可以简单理解为实现某种功能的工具。sleep()函数能使 Micro:bit 睡眠一定量的时间，单位为毫秒（1 000 ms = 1 s），通过此函数可以实现程序暂停。方法是特定对象的函数，函数可以在程序内直接调用，但是方法必须通过“对象”来进行调用。

小知识 2：数据类型

计算机把数据储存起来之前，要对数据进行分类，因为不同类型的数据在计算机内存中预留的空间大小是不一样的。这就类似于不同种类的衣服会占据衣橱中不同大小的格子，通过分类可以提高空间的使用率，如图 2.6 所示。

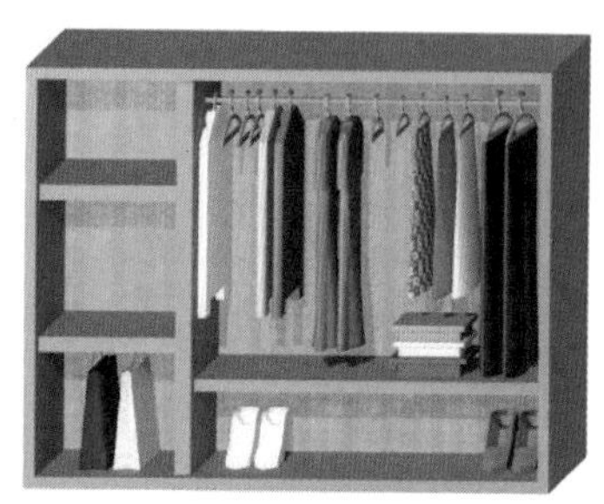

图 2.6 数据类型的类比

在 Python 语言中提供了多种数据类型：数字类型（包括整型、浮点型和复型）、字符串、布尔型、列表、元组、字典和集合。上述程序中,sleep()函数中数据的类型就是整数类型。

（2）让几个表情无限次轮换。

while 循环

while 循环是通过一个条件来控制是否要继续反复执行循环体中的语句。

while 语句的一般表达形式如下：

```
while 条件表达式(condition) :
    循环体(statements)
```

首先判断条件表达式的真假，当条件表达式的返回值为真时，则执行循环体中的语句，执行完毕后，重新判断条件表达式的返回值，直到表达式返回的结果为假时，退出循环。循环体语句可以是单个语句或语句块，如果条件表达式是关键字“True”，那么循环永不结束（死循环）。

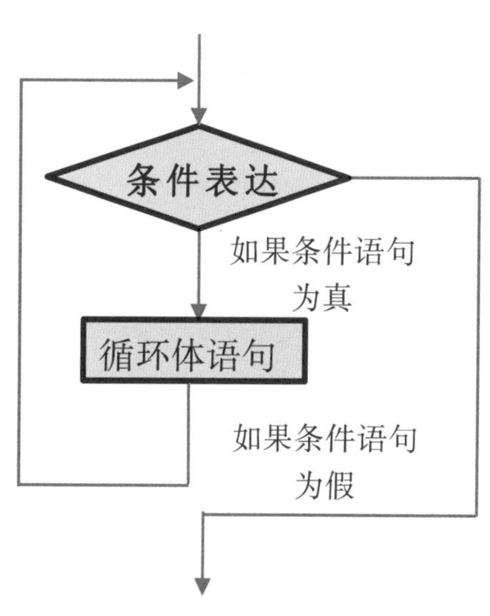

设计创造

同学们，让我们利用刚才所学的知识，设计变脸机器人，并结合流程图，编写程序吧！

硬件结构

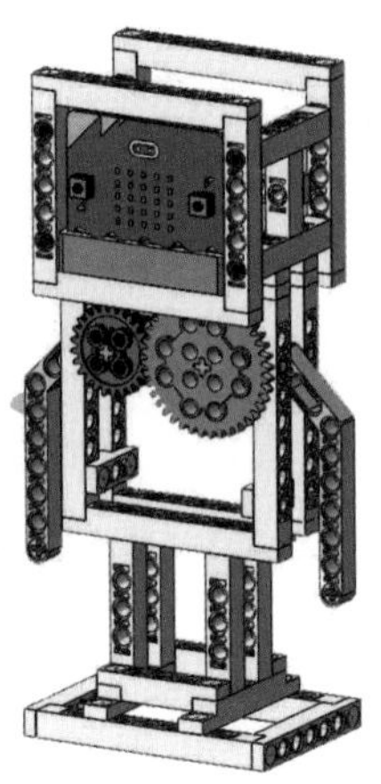

可以采用电池盒供电，或者数据线供电。

参考程序

```
# 利用 while 循环语句让表情无限次轮换
from microbit import *
while True:      # 无限循环语句，条件表达式永为真，循环永不结束，一直执行
    display.show(Image.SMILE)
    sleep(2000)
    display.show(Image.SAD)
    sleep(2000)
    display.show(Image.ANGRY)
    sleep(2000)
    display.show(Image.CONFUSED)
    sleep(2000)
```

注意：Python 语言采用代码缩进和冒号“:”区分代码之间的层次和隶属。缩进可以使用空格或“Tab”键实现。其中：使用空格时，每 4 个空格作为 1 个缩进量；用“Tab”键时，1 个“Tab”键作为 1 个缩进量。

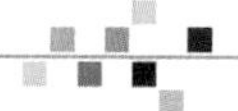

目标检测

同学们，学习完本节课，你们是否已经掌握了以下知识点？请回顾学习过程，自我检测一下吧！

- ▢ 控制器的含义及控制系统的组成部分。
- ▢ 程序的三大结构及其基本流程图。
- ▢ 类、对象、方法和属性之间的关系。
- ▢ while 循环结构。

拓展提高:算法与程序

1. 算法与程序的联系

程序是计算机指令的有序集合，是算法用某种程序设计语言的表述，是算法在计算机上的实现。

2. 算法与程序的区别

（1）形式不同。

算法在描述上一般使用半形式化的语言；程序使用形式化的计算机语言描述。

（2）性质不同。

算法是解决问题的步骤；程序是算法的代码实现。

（3）特点不同。

算法要依靠程序来完成功能；程序需要算法作为灵魂。

03 LED 显示屏

关键词：二极管、点阵显示屏、变量、条件循环

发现问题

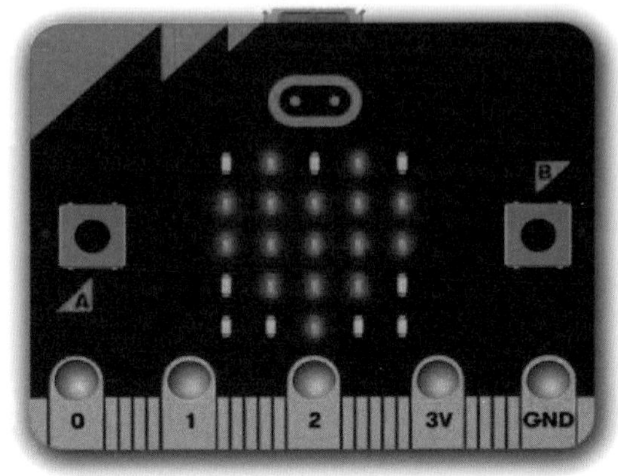

同学们，把不同程序输入 Micro:bit 时，显示屏上的小灯会显示不同图案，如笑脸和心形，这些图案是如何被控制的？我们是否可以创建属于自己的图案？显示屏为什么会发光？它的亮度会发生变化吗？让我们一起来搜索答案吧！

搜索答案

Micro:bit 显示屏上面所使用的是一种 LED 灯，又称发光二极管（见图 3.1）。因其具有体积小、功耗低、寿命长等特点，广泛应用于标识指示、灯箱广告和居家照明等场合。

图 3.1 发光二极管

>>> 定义 <<<

LED 全称半导体[①] 发光二极管，是采用半导体材料制成的（见图 3.2），直接将电能转化为光能、将电信号转换成光信号的发光器件。

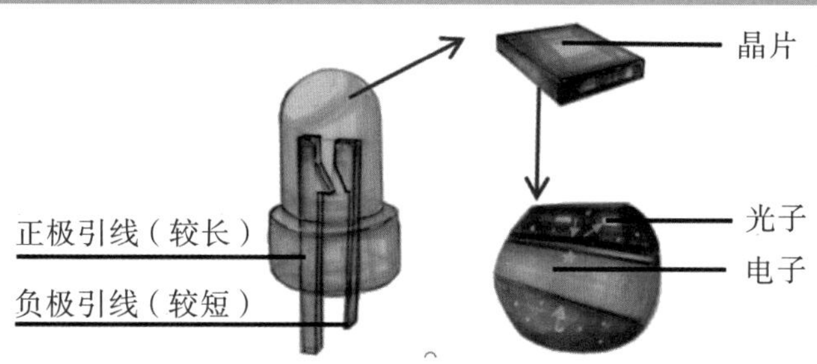

图 3.2 发光二极管内部结构

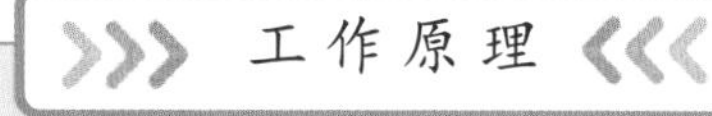

工作原理

发光二极管的核心部分是由 P 型半导体和 N 型半导体[②]组成的晶片。P 型半导体带正电，N 型半导体带负电，当两种半导体贴合时，在贴合面就形成了 P-N 结。如图 3.3 所示，当电流通过 P-N 结时，电子从 N 区被推向 P 区。在 P 区内，电子和空穴复合，复合时，多余的能量以光子[③]的形式释放出来。由于光子的波长[④]不同，它就发出了各种颜色的光。

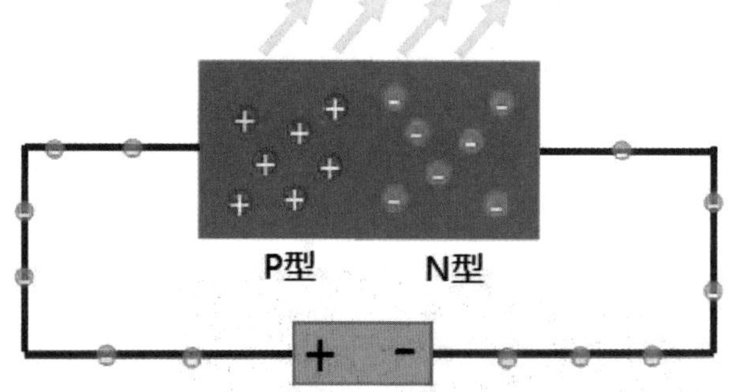

图 3.3 发光二极管工作原理

① 半导体：常温下导电性能介于导体和绝缘体之间的材料，可通过改变外界条件，改变其导电性能。

② P 型半导体：在硅晶体中掺杂少量 3 价元素（如硼）形成的半导体；N 型半导体：在硅晶体中掺杂少量 5 价元素（如磷）形成的半导体。

③ 光子：组成光的粒子，以光速运动，并具有能量、动量、质量，是传递电磁相互作用的基本粒子。

④ 波长：可见光的波长决定了光的颜色，如波长为 770~622 nm 是红光，577~492 nm 是绿光。

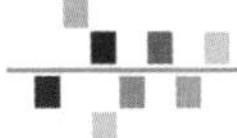

工作特性

发光二极管具有单向导电性。如图 3.4 所示，当二极管两端加入正向电压时，二极管导通；当加入反向电压时，二极管截止，呈现高阻（电阻很大）状态。

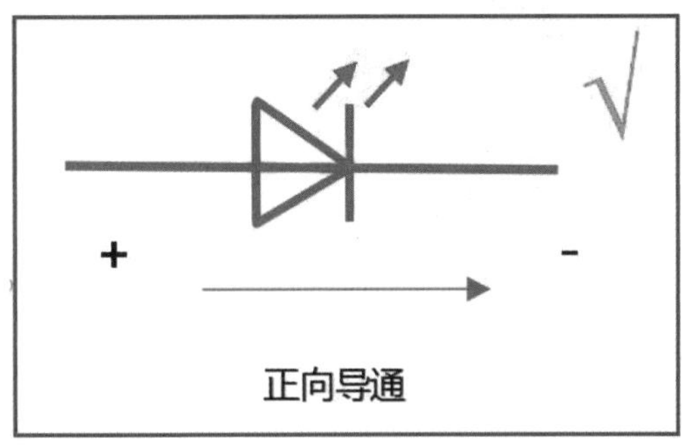

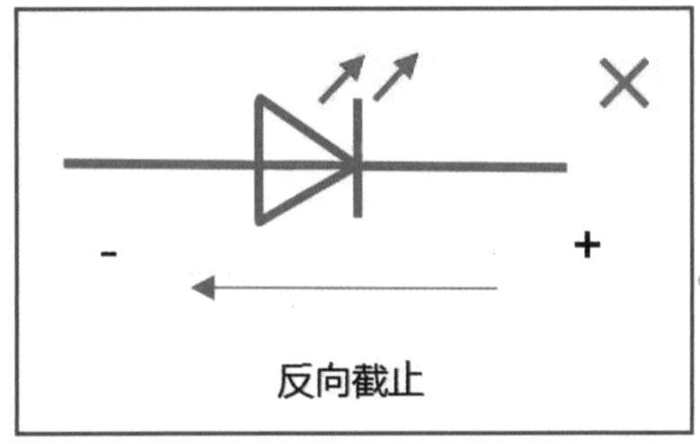

图 3.4 发光二极管工作特性

思考应用

同学们，想一想，Micro：bit 上面的 LED 灯是怎么被控制的？

Micro:bit 的显示屏由 25 个 LED 以 5×5 的点阵形式组成，通过输入不同的程序使 LED 灯显示不同的文本、图案或动画，还支持独立控制每个 LED 亮度、显示内置图案及自定义图案等功能。

显示屏使用 x 和 y 坐标来表示点阵中每个 LED 灯的位置，如图 3.5 所示，左上角是坐标原点（0,0），之后按照从左至右、从上至下依次增加坐标值。例如，LED（2,1）表示第 3 列第 2 行的灯。

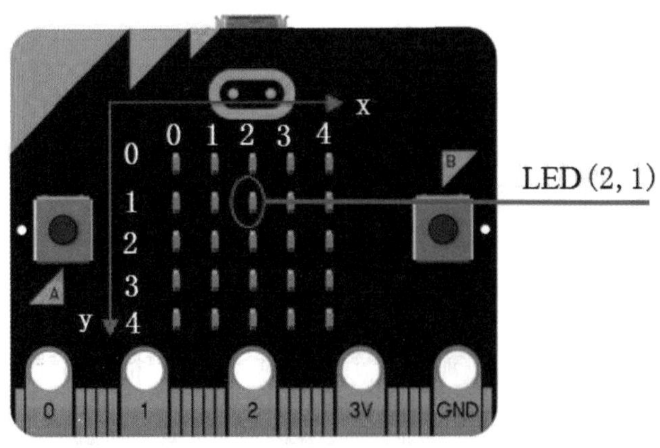

图 3.5 Micro:bit 显示屏坐标

1. 控制单个 LED 的打开和关闭

参考程序

```
# 打开和关闭单个 LED，以 LED（2,1）为例
from microbit import *        # 加载 Micro:bit 功能模块
display.set_pixel(2, 1, 9)    # 以亮度 9 打开 LED（2,1）
sleep(1000)        # 保持 1 s
display.set_pixel(2, 1, 0)    # 关闭 LED（2,1）
```

代码解析

“display.set_pixel(x, y, val)”用于定义 LED 点阵显示屏中具体某个 LED 灯的亮度，即针对屏幕上的一个点进行操作（点亮、熄灭、设置亮度值），该函数有三个参数，前两个参数来确定 LED 灯的位置，第三个参数是设置或获取 LED 的亮度级别（取值为 0~9），“0”为 LED 灯的最小亮度级别，“9”为 LED 灯的最大亮度级别。

2. 获取 LED 灯当前的亮度

参考程序

```
# 获取 LED（2, 1）的亮度值并在显示屏上面滚动显示
from microbit import *        # 加载 Micro:bit 功能模块
display.set_pixel(2, 1, 6)      # 设置 LED（2,1）的亮度级别为 6
brightness = display.get_pixel(2, 1)      # 获取 LED 灯的亮度级别
display.scroll("brightness is:"+str(brightness))      # 滚动显示亮度
```

代码解析

“display.get_pixel(x, y)”函数的作用是获取第 $x+1$ 列第 $y+1$ 行的 LED 灯亮度级别。

“dispaly.scroll(string,delay,wait,loop,monospace)”函数表示在 LED 点阵显示屏上滚动显示括号中的文本。利用“string”参数写文本，所写文本需用" "括起来表示字符串数据；利用“delay”参数设置文本滚动速度,单位为毫秒；利用“loop”参数设置滚动次数，默认是连续滚动；利用“monospace”参数设置滚动字体大小，默认占据 5 列。除“string”外，其余参数可缺省。

“brightness = display.get_pixel(2,1)”表示将获取到的亮度赋值给变量“brightness”。

变量

在 Python 中，可以把变量看成一个小箱子，专门用来“盛装”程序中的数据。变量名就是盒子上的标签，然后用我们看得懂的词或者字母来作为变量名，每个变量都拥有独一无二的名字，通过变量名就能找到变量中的数据。从计算机层面看，程序中的数据最终都要放到计算机内存中，变量名其实是这块内存的名字。

例如，“brightness = display.get_pixel(2,1)”等号（=）用来给变量赋值。它的左边是一个变量名,右边是存储在变量中的值（见图 3.6）。

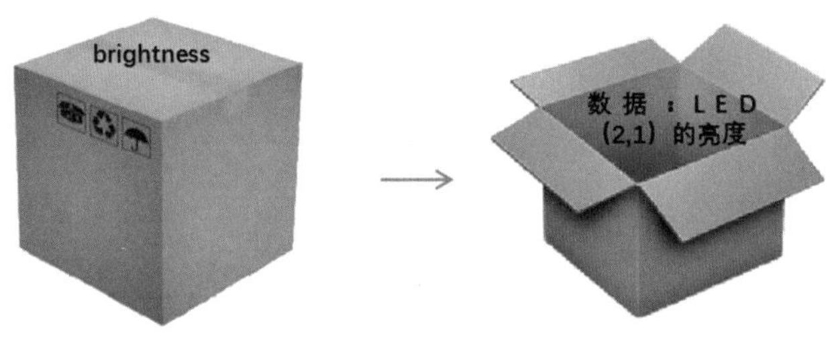

图 3.6 变量与盒子的类比

变量名的命名规则

（1）变量名的首字母必须为 26 个英文大小写字母（A~Z、a~z）、下划线（_）、@或美元符号（$）。

（2）变量名只能是 26 个英文大小写字母（A~Z、a~z）、数字（0~9）、下划线（_）或@的组合，并且不能包含空格。

（3）变量名不能使用编程语言的保留字（高级语言已经定义过的字），如 break、true、while 等，详情参见右侧二维码链接的内容。

Python 的保留字

字符串类型

字符串就是连续的字符序列，可以是计算机所能表示的一切字符的集合。在 Python 中，字符串通常用单引号（''）、双引号（""）、三引号（""""）或四引号（"""""）括起来。几种引号在语义上无差别，只是在形式上有差别。

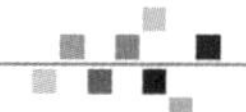

定义 3 个字符串类型的变量：

① var1 = 'Hello world！ '

② var2 = "My name is xiaoming"# 单、双引号的字符串内容只能分布在单行

③ var3 = '''The young don't work hard,

the old are sad'''　　　　　　　# 三引号的字符串内容可以分布在多行

3. 打开和关闭显示屏

参考程序

```
# 打开和关闭显示屏
from microbit import *
display.scroll("Turning display off")      # 滚动显示文本“Turning display off”
sleep(100)
display.off()        # 关闭显示屏，进入 GPIO 模式
sleep(5000)
display.on()        # 打开显示屏
while display.is_on():
    display.scroll("display back on")      # 屏幕循环显示“display back on”
```

代码解析

“display.on/off()”函数的作用是打开或关闭屏幕。GPIO 引脚连接到 LED 点阵显示屏的行和列（见图 3.7），如果要使用 3、4、6、7 和 10 引脚就必须关闭显示屏，否则 Micro:bit 会一直切换引脚。“display.is_on()”函数用于获取显示屏的状态：如果显示屏是打开的，则返回“True”；如果显示屏是关闭的，则返回“False”。

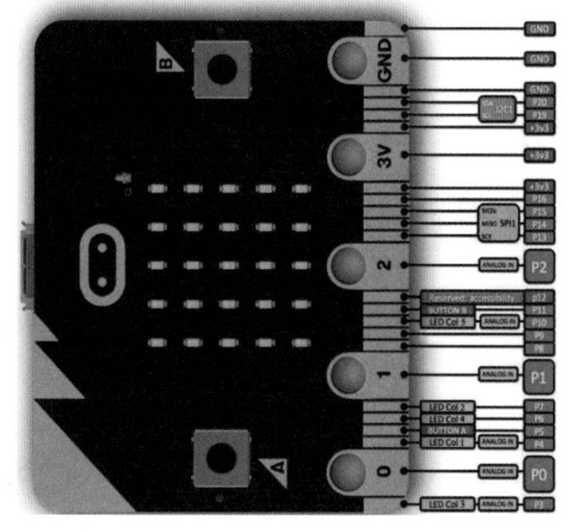

图 3.7　GPIO 引脚与 LED 点阵显示屏连接

4. 使用内置图案列表

MicroPython 语言中含有 Image 类的内置图案，其中有两组较为特殊的内置图案列表：时钟和箭头。

ALL_CLOCKS

Image.CLOCK12,Image.CLOCK1,Image.CLOCK2,Image.CLOCK3, Image.CLOCK4, Image.CLOCK5, Image.CLOCK6, Image.CLOCK7, Image.CLOCK8, Image.CLOCK9, Image.CLOCK10, Image.CLOCK11

ALL_ARROWS

Image.ARROW_N, Image.ARROW_NE， Image.ARROW_E, Image.ARROW_SN, Image.ARROW_S, Image.ARROW_SW, Image.ARROW_W, Image.ARROW_NW

使用“display.show()”函数可以按照顺序显示列表中的所有图案。

参考程序

```
# 以动画的形式显示 ALL_CLOCKS 列表中的 12 个图案
from microbit import *
display.show(Image.ALL_CLOCKS, loop=True, delay=500)
```

代码解析

ALL_CLOCKS 列表里面包含 12 个图案，可用于显示时钟从 1 点到 12 点的每一个整点钟面。“loop=True”表示动画一直循环，“delay=500”表示每张图片显示 500 ms。

分析组成

同学们，观察一下，Micro:bit 显示屏电子路标是由哪几部分组成的?

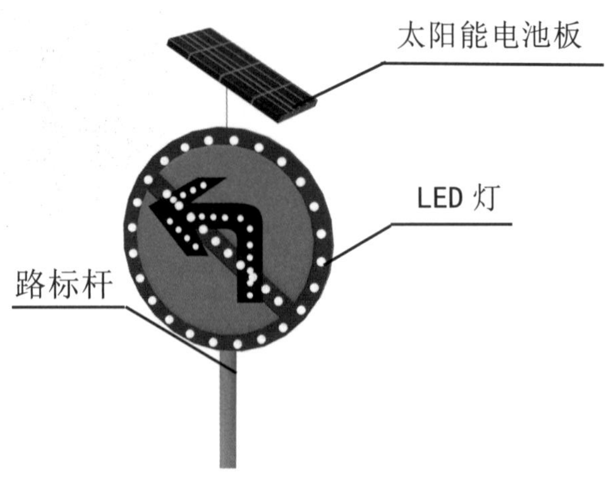

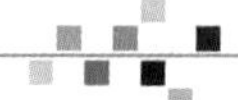

功能分析

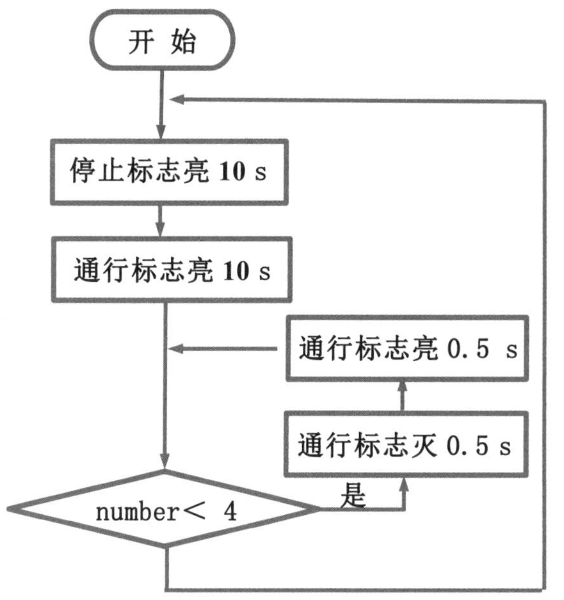

> 电子路标时序
>
> 假设电子路标切换的时长是 10 s，那么灯的变化情况为停止标志亮 10 s，通行亮 6 s，利用循环结构让通行标志按照 1 s 1 次的频率闪动 4 次（时长为 4 s），当不满足循环条件语句就退出这个循环。这个循环嵌套在无限循环体中，重新开始执行无限循环结构，如此重复。

编程语法

1. 访问内置图案列表

访问内置图案列表中指定图案，第一个图案的索引号规定为 0，第二个图案索引号规定为 1，以此类推。例如，访问箭头列表中箭头朝上的元素，代码如下：

```
# 访问 ALL_ARROWS 列表中的箭头朝上的图案
from microbit import *
display.show（Image.ALL_ARROWS[0])      # 显示 Image.ARROW_0 的图片
```

2. 当满足某条件时循环

首先定义一个变量，并将其初始化，即赋初值。

其次当 while 循环满足条件语句时，程序执行循环体语句。每循环一次，可利用调整语句对变量进行调整，直到无法满足条件语句，退出 while 循环，程序继续向下执行。

```
# 当满足某条件时循环
变量 = 初值      # 将变量赋予初始值
while 条件语句：      # 当满足条件语句的时候，执行循环体
```

```
        循环体语句      # 具体的循环内容
        变量 += 1    # 循环调整语句，其中+=表示变量里面的值在上一次的基础上加 1
```

3. 循环嵌套

循环嵌套是指在一个循环体语句中包含另一个循环语句。例如，利用 while True 循环语句使该程序无限循环，将 while 的条件循环嵌套在无限循环中。

```
# 循环嵌套结构

while True:      # 无限循环部分

……
    变量 = 初值
    while 条件语句:       # 条件循环部分
        循环体语句      # 具体的循环内容
        变量 += 1      # 循环调整语句
```

设计创造

同学们，让我们利用刚才所学的知识，设计电子路标，并结合流程图编写程序吧！

硬件连接

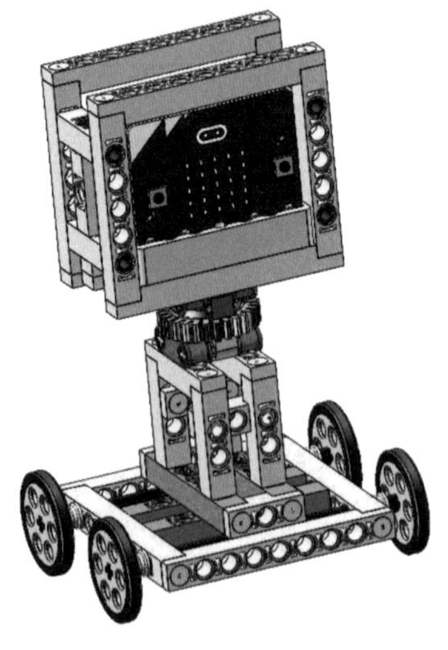

参考程序

```
# 利用循环嵌套结构显示电子路标图案
    from microbit import *
    while True:
        display.show(Image.SQUARE)      # 显示停止标志
        sleep(10000)      # 保持 10 s
        display.show(Image.ALL_ARROWS[0])      # 显示通行标志
        sleep(6000)      # 保持 6 s
        number = 0      # 将闪烁次数用变量 number 表示，并赋初始值 0
        while number < 4:      # 满足闪烁次数小于 5 次时执行循环
            display.show(Image.ALL_ARROWS[0]) # 显示通行标志（朝上的箭头）
            sleep(500)     # 保持 0.5 s
            display.clear()      # 清空显示屏
            sleep(500)      # 保持 0.5 s
            number += 1   # 每循环一次，将变量 number 加 1 后，重新赋值给 number
```

目标检测

同学们，学习完本节课，你们是否已经掌握了以下知识点呢？请回顾学习过程，自我检测一下吧！

- [ ] LED 的工作原理。
- [ ] 显示屏控制：打开和关闭、设置和获取亮度。
- [ ] 显示内置图案列表。
- [ ] 通过索引显示一张图片。
- [ ] 条件循环和循环嵌套结构。

拓展提高：自定义图案

同学们，通过刚才的学习，已经掌握了对 Image 类内图片的控制方式，如果图片库里没有想要的图片怎么办呢？下面让我们一起学习自定义图案的方法吧！

（1）如何让 Micro:bit 点阵显示屏显示自定义的小飞机图案?

① 首先绘制一个 5×5 的网格，填充方块使其显示出小飞机的形状。

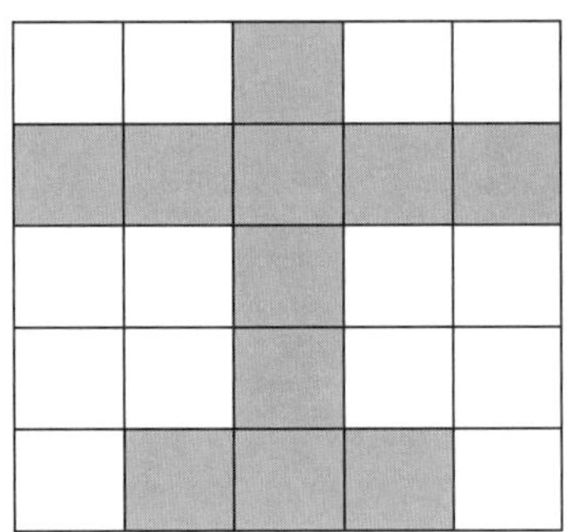

② 规定空白方块的值为 0（代表显示屏上的点为关闭状态），设定被填充方块的值为 9（代表显示屏上的点为打开状态并且亮度级别最大）。

0	0	9	0	0
9	9	9	9	9
0	0	9	0	0
0	0	9	0	0
0	9	9	9	0

```
0 0 9 0 0
9 9 9 9 9
0 0 9 0 0
0 0 9 0 0
0 9 9 9 0
```

③ 为创建的图案命名（如飞机），并将每行编码值写成矩阵的格式，也可以使用一行的写法。

PLANE = Image("00900:""99999:""00900:""00900:""09990")

④ 使用“display.show()”函数显示该图案。

display.show(PLANE)

参考程序

```
# 自定义飞机图案
from microbit import *
PLANE = Image("00900:""99999:""00900:""00900:""09990")
display.show(PLANE)
```

（2）如何让 Micro:bit 点阵显示屏以动画的形式显示小飞机的图案？

参考程序

```
from microbit import *
PLANE_1 = Image("00900:"
                "99999:"
                "00900:"
                "00900:"
                "09990")
PLANE_2 = Image("99999:"
                "00900:"
                "00900:"
                "09990:"
                "00000")
PLANE_3 = Image("00900:"
                "00900:"
                "09990:"
                "00000:"
                "00000")
PLANE_4 = Image("00900:"
                "09990:"
                "00000:"
                "00000:"
                "00000")
PLANE_5 = Image("09990:"
                "00000:"
                "00000:"
                "00000:"
                "00000")
PLANE_6 = Image("00000:"
                "00000:"
                "00000:"
                "00000:"
                "00000")
# 将不同动作的小飞机图案放在创建的列表中
ALL_PLANE = [PLANE_1, PLANE_2, PLANE_3, PLANE_4, PLANE_5, PLANE_6]
display.show(ALL_PLANE, loop=True, delay=250)    # 使用 display 函数显示列表
```

代码解析

ALL_PLANE 包含 6 个自定义图案，用来模拟飞机在天空中飞的效果，图案间隔为 0.25 s，动画无限循环。

04 按键的使用

关键词：按键、条件语句 if...else...、关系运算符

发现问题

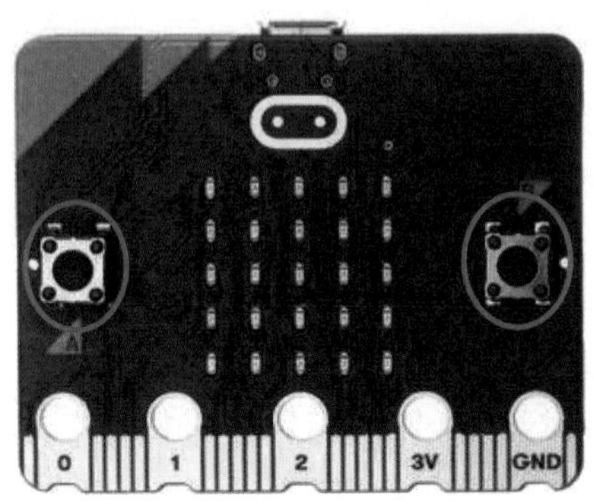

生活中有很多的按键，比如：按下门铃按键，就能听到响声；按下自动售货机的按键，饮料就可以咚咚咚地滚出来。那么同学们，你们想过 Micro:bit 上的两个按键有什么作用吗？按下这两个按键会出现什么神奇的现象呢？让我们一起来寻找答案吧！

搜索答案

Micro:bit 上面所使用的是一种四脚轻触按键，如图 4.1 所示。它具有体积小、规格多样、灵敏度高、寿命长等特点，广泛应用于儿童玩具和家用电器等产品上。

图 4.1 四脚轻触按键

定义

按键：一种常用的控制电器元件，常用来接通或断开控制电路[①]，从而达到控制电动机或其他电气设备运行的一种开关。

工作原理

按键由常开触点、常闭触点组合而成，如图 4.2 所示。在四脚轻触按键中，常开触点的作用是当压力向常开触点施压时，常开触点闭合，这个电路就呈现接通状态；当撤销这种压力的时候，就恢复到原始的常开触点，也就是所谓的断开。按键的工作原理如图 4.3 所示。施压这个力，就是我们用手去开按键、关按键的动作实现的。四脚轻触按键不能自锁[②]，每当按下去一次，信号就发生一次跳变。在使用时，常将对角线上的一对引脚连接，用来保证一定能够连接到常开点。

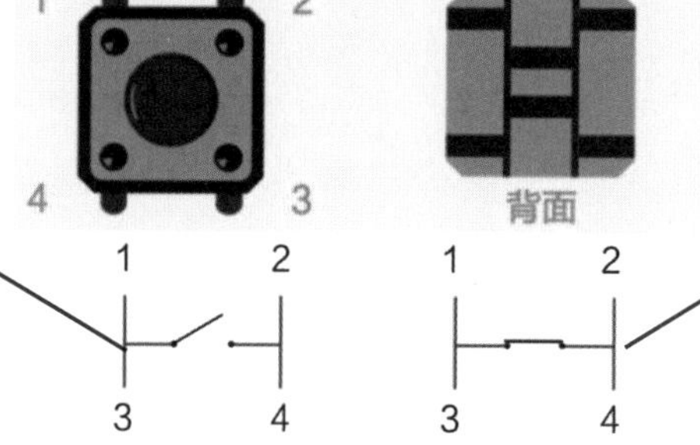

图 4.2 按键的常开与常闭触点

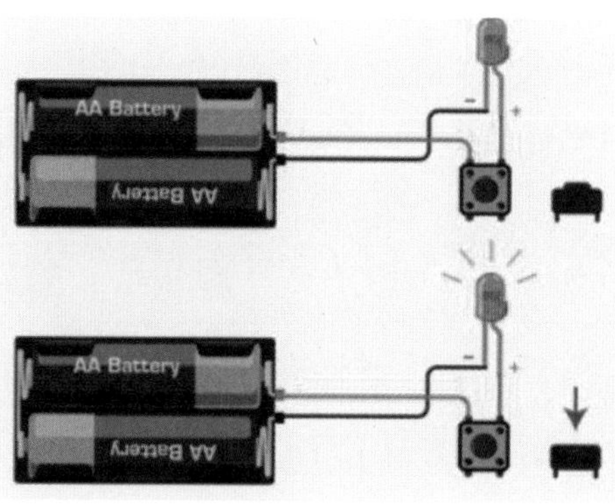

图 4.3 按键的工作原理示意图

① 电路：由金属导线和电气、电子部件组成的导电回路。
② 自锁：压力撤除后，仍保持按压状态的能力。

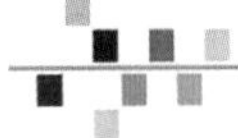

思考应用

同学们，想一想，Micro:bit 上的按键要怎么控制呢？能做什么事情呢？

Micro:bit 的左右两侧各有一个可编程按键。这两个按键在 Python 程序中属于 Button “类”，包含 button_a 和 button_b 两个实例“对象”。这两个对象可以通过不同的“方法”进行使用（见图 4.4）。通过按压它们，可自定义启动各种动作，如读取程序、判断按键状态、读取按下的次数和编写按键事件，还可以连接外部按键代替功能使用。

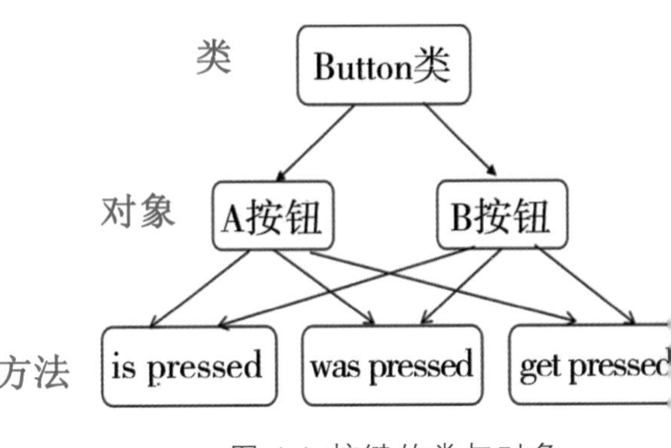

图 4.4 按键的类与对象

1. 检测按键是否正在被按着

使用 is_pressed()方法检测按键是否正被按下。返回值[①]是“True”表示按键正在被按下，“False”表示按键被释放。

参考程序

```
# 拯救不开心 1
from microbit import *
while True:        # 无限循环
    if button_a.is_pressed():       # 如果按键 A 被按下（要一直按着）
        display.show(Image.HAPPY)      # 显示笑脸图案
    else:          # 否则
        display.show(Image.SAD)      # 显示伤心图案
```

代码解析

该代码用于检测按键 A 是否被按住不放。“while True”语句使程序无限循环，一般需要无限循环来等待事件的发生。当按住按键 A 时，LED 屏显示笑脸图案；当按键 A 不被按住时，则 LED 显示屏上将显示悲伤图案。

① 返回值：将函数或方法实现的结果返给调用者。

条件语句

在生活中，我们总是要做出许多选择，程序也是一样。在 Python 中被称为条件语句，即按照条件选择执行不同的代码片段。

“if ”语句用于控制程序的运行，基本形式如下：

```
if 判断条件:
    语句块 1
else:
    语句块 2
```

语句块可以是单个语句或多条语句，判断条件可以是任何表达式，其中对于数字类型的判断条件，任何非零或非空的值都为真；如果“判断条件”成立时，则执行语句块 1；当“判断条件”不成立时，执行“else”后的语句块 2；“else”语句不能单独使用，必须要在“if”语句之后使用，但是可以缺省。

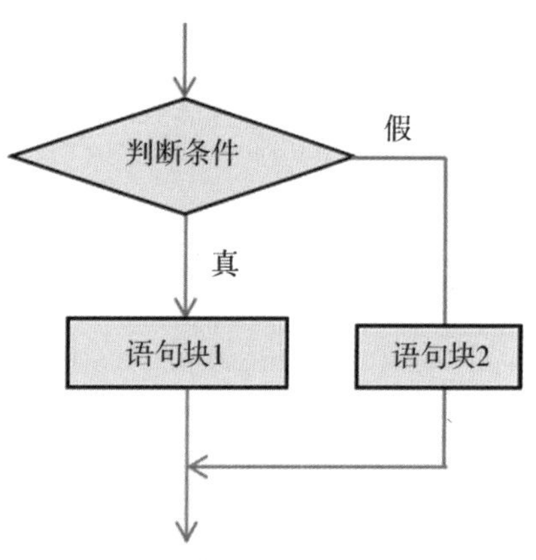

2. 检测按键曾经是否被按下

使用“was_pressed()”方法检测自设备启动或上次调用此方法以来，按键 A 是否曾被按下，被按下过返回“True”，否则返回“False”。调用该函数后记录将被清除，系统自动重新开始记录新的按键状态。

参考程序

```
# 拯救不开心 2
from microbit import *
while True:                          # 无限循环
    if button_a.was_pressed():    # 如果按键 A 被按下（不用一直按着）
        display.show(Image.HAPPY)      # 显示笑脸图案
        sleep(5000)            #保持 5 s
    else:
        display.show(Image.SAD)      # 显示伤心图案
```

代码解析

该代码用于检测按键 A 是否曾经被按下过。“while True”语句使程序无限循环，需要检测按键动作时，一般使用无限循环来等待时间的发生。当按下过按键 A 时，点阵屏显示笑脸图案并保持 5 s；没按下过按键 A 的话，LED 显示屏上显示悲伤图案。

3. 检测按键被按下的次数

使用“get_presses()”方法统计自设备启动或上次调用此方法以来的按键次数，返回值是数字类型，调用后会清除以前的计数，系统重新开始计数。

参考程序

```
# 比拼按键手速
from microbit import *
display.show(Image.ALL_CLOCKS)      # 显示时钟图案
count = button_a.get_presses()      # 将按键 A 被按下的次数赋给一个
                                      变量 count
display.scroll(str(count))          # 显示屏上滚动按键 A 被按下的次数
if count > 15:                      # 判断条件语句 count > 15 是否成立
    display.show(Image.YES)         # 显示对号图案
else:
    display.show(Image.NO)          # 显示叉号图案
```

代码解析

该代码用于检测按键 A 被按下的次数，表示在时钟走一圈的时间内，我们一直不断按压按键 A，最后在 LED 显示屏上显示所按压按键次数。如果按键次数大于 15 次，LED 显示屏上面显示“√”，否则 LED 显示屏上面显示“×”。

关系运算符

运算符是一些特殊的符号，主要用于计算、比较大小和逻辑运算等。其中关系运算符（见表 4.1）用于对变量或表达式的结果进行大小、真假等比较。如果比较结果为真，则返回“True”；如果为假，则返回“False”。

表 4.1　Python 的关系运算符（以 a=1、b=2 为例）

运算符	名 称	作 用	结果（返回值）
==	等于	比较两个对象是否相等	$(a == b)$ 返回 False
!=	不等于	比较两个对象是否不相等	$(a != b)$ 返回 True
>	大于	返回 a 是否大于 b	$(a > b)$ 返回 False
<	小于	返回 a 是否小于 b	$(a < b)$ 返回 True
>=	大于等于	返回 a 是否大于等于 b	$(a >= b)$ 返回 False
<=	小于等于	返回 a 是否小于等于 b	$(a <= b)$ 返回 True

分析组成

同学们，请分析一下，抢答器是由哪几部分组成的？

结构分析

功能分析

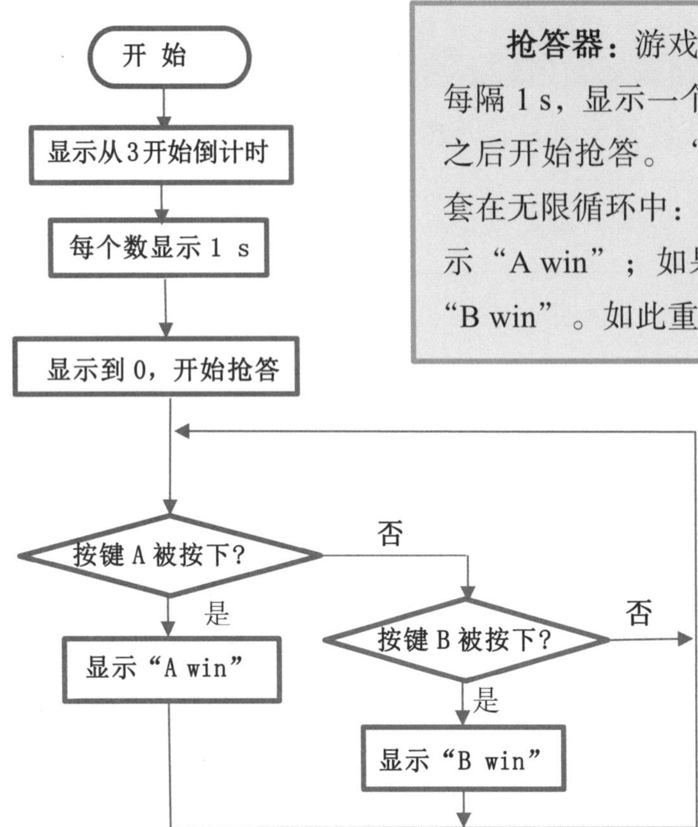

抢答器：游戏开始后，有 3 s 的倒计时，每隔 1 s，显示一个倒计时数字，直到显示 0 之后开始抢答。“if”语句的多分支结构嵌套在无限循环中：如果按键 A 被按下，将显示“A win”；如果按键 B 被按下，将显示“B win”。如此重复，永不停止。

编程语法

多分支结构

当判断条件为多个时，可以使用 if…elif…else 的多分支结构形式：

```
if 判断条件 1:            # 当满足条件语句 1 的时候，执行语句 1
    执行语句 1
elif 判断条件 2:          # 当不满足条件语句 1，满足条件 2 时，执行语句 2
    执行语句 2
elif 判断条件 3:          # 当不满足条件语句 1 和 2，满足条件 3 时，执行语句 3
    执行语句 3
else:
    执行语句 4            # 以上条件都不满足时，执行语句 4
```

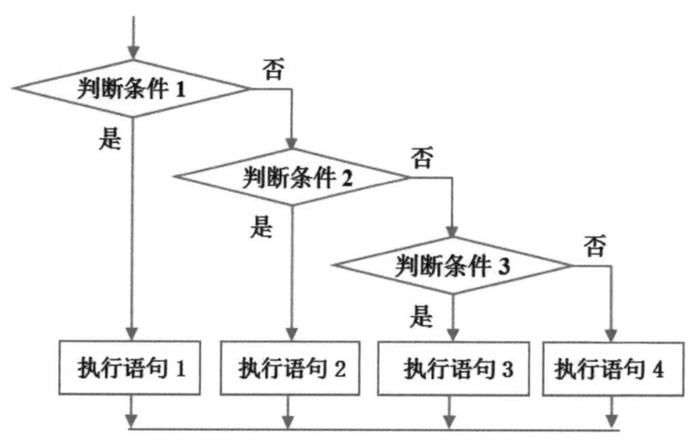

注意：if… elif…else 语句是有执行顺序的，只有上一个条件不满足时，才会去判断下一个。

设计创造

同学们，让我们利用刚才所学的知识，设计抢答器，并结合流程图编写程序吧！

硬件连接

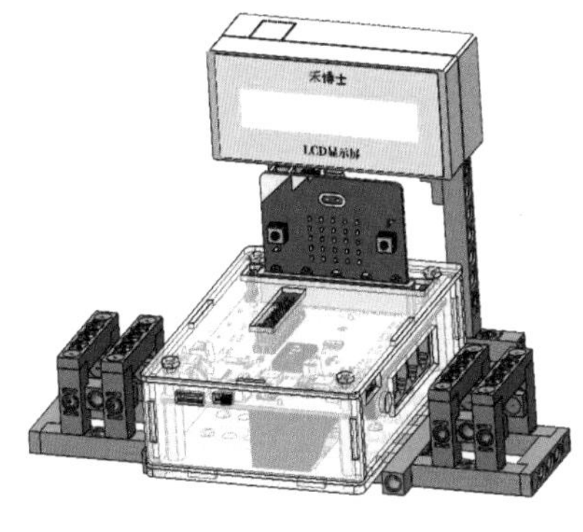

外接按钮连接在 P5 和 P11 引脚

参考程序

```
# 抢答器
from microbit import *
n=3    # 设置倒计时开始数字
while  n >= 0 : # 设置计时条件
    display.show(n)     # 显示计时数字
    sleep(1000)
```

抢答器：此作品同时提供另一种功能解决方案，用 LCD 显示屏显示提示信息

```
        display.show(
        n - =1                                  # 每隔 1 s 变化一次
while True:                                     # 使程序无限循环
    if button_a.is_pressed():                   # 如果按键 A 被按下
        display.scroll("A win")                 # 显示 A win
    elif button_b.is_pressed():                 # 如果按键 B 被按下
        display.scroll("B win")                 # 显示 B win
```

目标检测

同学们，学习完本节课，你们是否已经掌握了以下知识点？请回顾学习过程，自我检测一下吧!

- ☐ 通过按键方法读取按键状态及被按下的次数。
- ☐ “if”语句的单分支及多分支结构的使用。
- ☐ 关系运算符的定义、使用及运算结果。

拓展提高：计算机的输入和输出

1. 输入设备

输入设备是向计算机输入数据和信息的设备，是计算机与其他设备通信的桥梁，也是用户和计算机进行交互的装置；键盘、鼠标、扫描仪、麦克风等都属于输入设备，如图 4.5~图 4.8 所示。

图 4.5 键盘

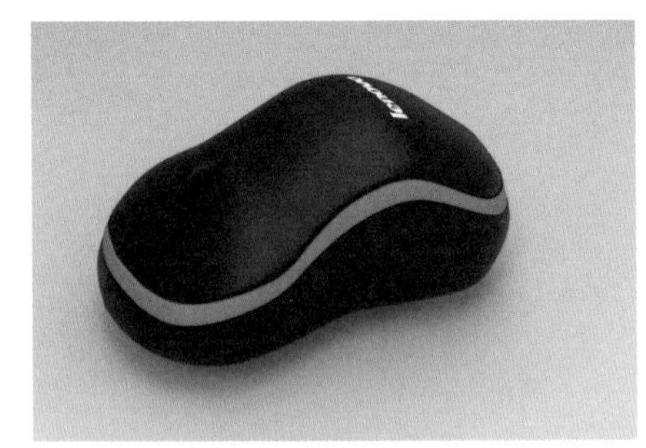

图 4.6 鼠标

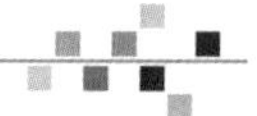

图 4.7 扫描仪

图 4.8 麦克风

2. 输出设备

输出设备是计算机和人进行交互的一种部件，是将计算机内部的二进制信息转换为数字、字符、图形图像、声音等人类能够识别的媒体信息；显示器、打印机、音响都是计算机的输出设备，如图 4.9~图 4.11 所示。

图 4.9 显示器

图 4.10 打印机

图 4.11 音响

05 GPIO——通用型输入输出

关键词：金手指、GPIO 引脚

发现问题

同学们，在 Micro:bit 的底边，有一排看起来像牙齿的金属边条，这是做什么用的呢？上面的圆孔又有什么作用呢？Micro:bit 控制器除了通过 LED 显示屏和按钮，还有什么方式可以和外界进行交互呢？让我们一起来搜索答案吧！

搜索答案

在 Micro: bit 的下方是一排经过特殊设计的“金手指”，也是 Micro：bit 的 GPIO 接口（见图 5.1）。利用这些扩展接口连接到外部，实现更多的功能，如连接各种传感器、驱动直流电机、驱动舵机、控制继电器、播放音乐、外部供电等。

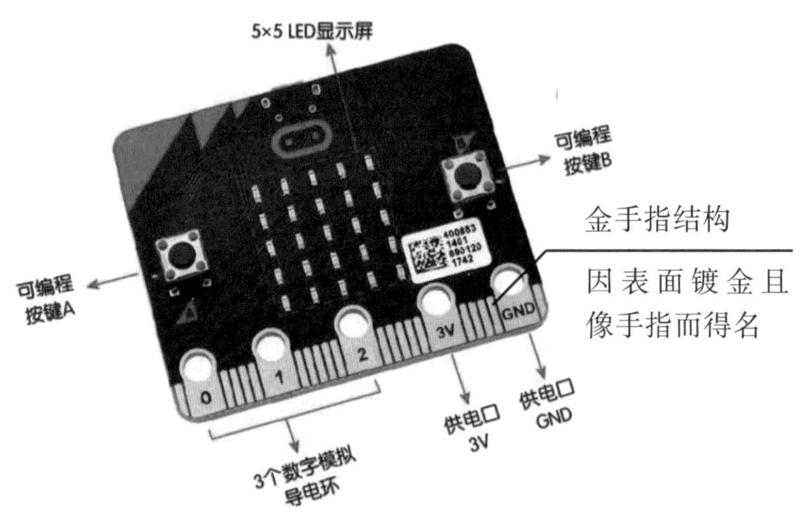

图 5.1　Micro:bit 的金手指结构

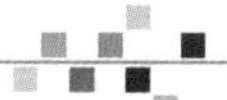

定义

GPIO 英文全称为 General Purpose Input/Output，即通用输入输出端口。每个 GPIO 端口可通过程序分别配置成信号输入或输出模式，可以用来控制和读取数字电路中逻辑 0 和逻辑 1，也可以读取和控制模拟信号。

作用与特点

GPIO 引脚与外部硬件设备连接起来，可实现与外部通信、控制外部硬件或采集外部硬件数据等功能。可以独立控制每个 GPIO 口的输入输出模式（见图 5.2）；可以独立设置每个 GPIO 口的高低电平状态；所有 GPIO 口在复位后都有默认的输入输出；GPIO 上方的圆孔，连接了 0、1、2、3 V 和 GND 引脚，可以灵活使用螺钉、杜邦线或鳄鱼夹等方式连接。表 5.1 为 Micro: bit 的 I/O 引脚类型和功能介绍。

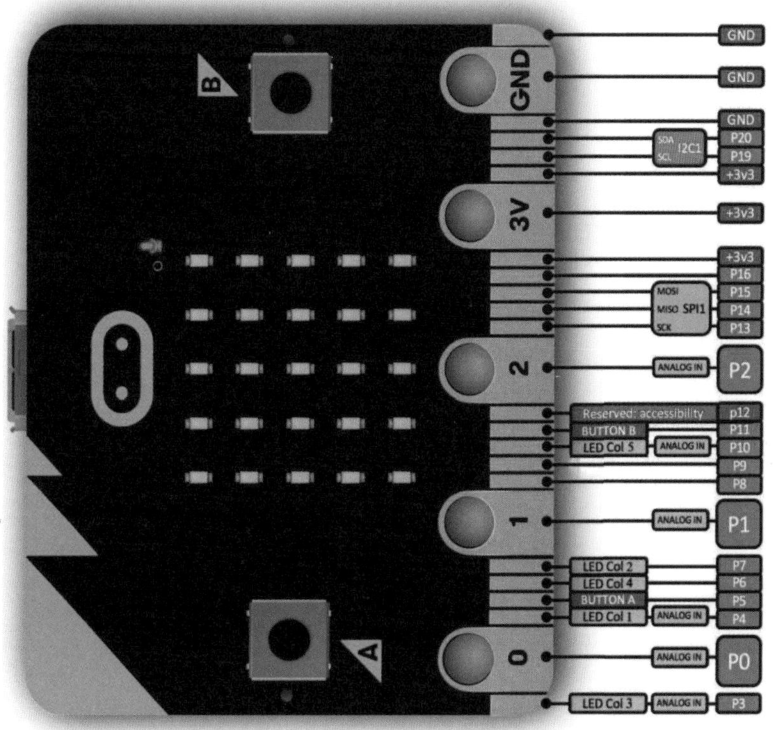

图 5.2　GPIO 各个引脚类型和用法

表 5.1　Micro:bit 的 I/O 引脚类型和功能

引脚	类型	功能描述
p0	PAD0	通用数字/模拟 I/O、触摸
p1	PAD1	通用数字/模拟 I/O、触摸
p2	PAD2	通用数字/模拟 I/O、触摸
p3	COL3	LED 点阵上的第 3 列 LED 灯,如果关闭 LED，可以当作数字/模拟 I/O 用
p4	COL1	LED 点阵上的第 1 列 LED 灯,如果关闭 LED，可以当作数字/模拟 I/O 用
p5	BTN_A	按钮 A 共享的 GPIO，正常为高、按下时为低
p6	COL4	LED 点阵上的第 4 列 LED 灯，如果关闭 LED，可以当作数字 I/O 用
p7	COL2	LED 点阵上的第 2 列 LED 灯，如果关闭 LED，可以当作数字 I/O 用
p8	DIO	通用数字 I/0
p9	DIO	通用数字 I/0
p10	COL5	LED 点阵上的第 5 列 LED 灯，如果关闭 LED，可以当作数字/模拟 I/O 用
p11	BTN_B	按钮 B 共享的 GPIO：正常为高，按下时为低
p12	DIO	通用数字 I/0
p13	SCK	通常用于串行外围接口（SPI）总线的串行时钟（SCK）信号
p14	MISO	通常用于 SPI 总线的 “主机输入，从机输出（MISO）” 信号
p15	MOSI	通常用于 SPI 总线的 “主机输出，从机输入（MOSI）” 信号
p16	DIO	通用数字 I/O， SPI 芯片选择
p17	3 V	输出 3 V 的电源
p18	3 V	输出 3 V 的电源
p19	SCL	引出 I2C 总线的时钟信号（SCL）,并连接内置的加速度计和指南针
p20	SDA	引出 I2C 总线的数据线（SDA）,并连接内置的加速度计和指南针
p21	0 V	连接 GND
p22	0 V	连接 GND

思考应用

同学们，想一想，Micro:bit 上面的 GPIO 要怎么连接和控制呢？

1. 连接方式

在 Micro:bit 底部边缘的 GPIO 包括大引脚和小引脚，大引脚包括引脚 0、1、2、3 V 和 GND，可以使用鳄鱼夹连接（见图 5.3 左），当把 Micro:bit 插到边缘连接器上时，可以使用小引脚（见图 5.3 右）。

图 5.3　GPIO 引脚的两种连接方式

2. 引脚的分类

Micro:bit 的 GPIO 引脚按照输入、输出的信号是否随时间连续变化可以分为数字量类型和模拟量类型。

小知识

数字量与模拟量

在自然界中，用于定量描述物理现象或物理对象的概念称为物理量，它们都用数字和单位联合表达，如 7 m、10 s、5 kg、32℃等。

模拟量：随着时间连续变化的物理量，如图 5.4 所示的温度。因为在任何情况下被测温度都不可能发生突跳，在连续变化过程中的任何一个取值都有具体的物理意义，即表示一个相应的温度。

数字量：不随时间连续变化的物理量，也称作开关量，如图 5.5 所示的灯的开关和计算机工作状态。因为电路中只存在导通（1）和断开（0）这两种状态，不存在灯既开又关的状态。

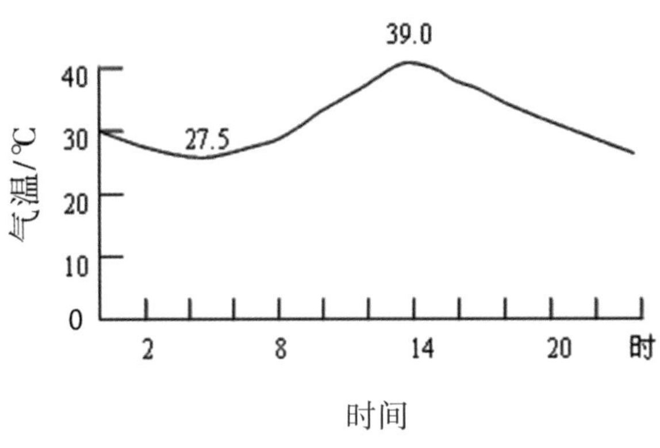

图 5.4 模拟量：温度随时间连续变化

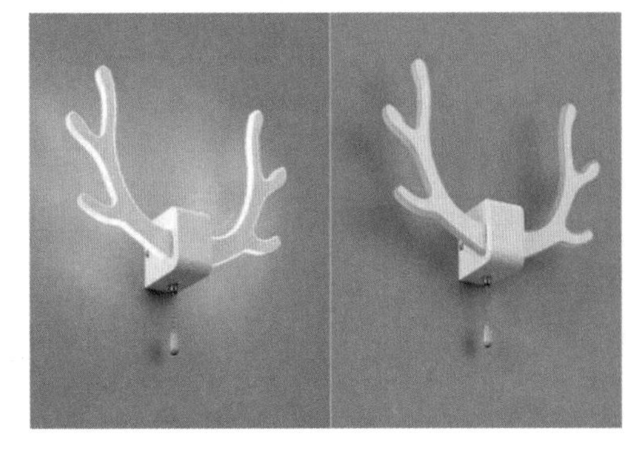

导通（1）　　断开（0）

图 5.5 数字量：灯的导通与断开

3. 模拟量的输入与输出

Micro:bit 上的每个引脚由称为 pin*N* 的对象表示，其中 *N* 是引脚编号，例如要使用标有 0 的引脚，表示为 pin0。由表 5.1 可知，可用于模拟量控制的引脚有 p0、p1、p2、p3、p4、p10。需要注意的是，使用 p3、p4、p10 做模拟输入输出引脚的时候，要先使用“display.off()”关闭 LED 显示屏，否则可能引起功能冲突。

（1）读取模拟量引脚的输入值。

参考程序

```
# 将旋转电位计① 插在 p0 端口，读取 p0 的模拟输入值，跳线帽在 3 V

from microbit import *
while True:                   # while 无限循环语句
    a = pin0.read_analog()    # 读取引脚 0 的模拟值后，将返回值赋给变量 a
    display.scroll(str(a))    # 在屏幕上滚动显示变量 a 的值
    sleep(1000)
```

代码解析

使用“pin.read_analog()”读取引脚的模拟值，返回 0~1 023 的值。将返回值赋值给变量 *a*，由于“scroll()”函数要求参数是字符串类型，所以用“str()”函数进行强制类型转换，把 *a* 从整型转换成字符串类型，然后在屏幕上滚动显示变量 *a* 的值，每隔 1 000 ms 重新读取一次。

① 旋转电位计：一种可调式电阻，详情参阅本课“拓展提高”。

（2）控制模拟量引脚的输出值。

参考程序

```
# 将 LED 灯插在 p1 端口，控制 p1 的模拟输出值
from microbit import *

while True:                                # while 无限循环语句
    pin1.write_analog(1023)                # 向引脚 1 写入模拟值 1023
    sleep(1000)                            # 等待 1 s
    pin1.write_analog(512)                 # 向引脚 1 写入模拟值 512
    sleep(1000)                            # 等待 1 s
    pin1.write_analog(0)                   # 向引脚 1 写入模拟值 0
    sleep(1000)                            # 等待 1 s
```

代码解析

使用“pin.write_analog(value)”向引脚写入模拟值，可以是 0~1 023 的值。模拟输出的数据不是电压值，而是经过数模转换之后的数据，还需要经过换算才能得到真正的电压。其本质是将 p1 引脚输出的电压值 5 V 分成了 1 024 份，对外输出的电压是“value”份。因此计算对外输出电压的公式为

$$U_{输出} = \text{value} \times \frac{5\text{V}}{1024}$$

所以示例程序会以 5 V、2.5 V、0 V 循环点亮 LED 灯。

分析组成

同学们，请分析一下，旋钮调光灯是由哪几部分组成的？

结构分析

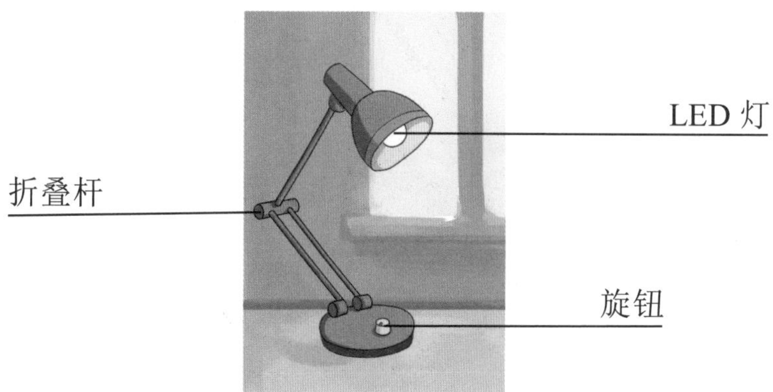

功能分析

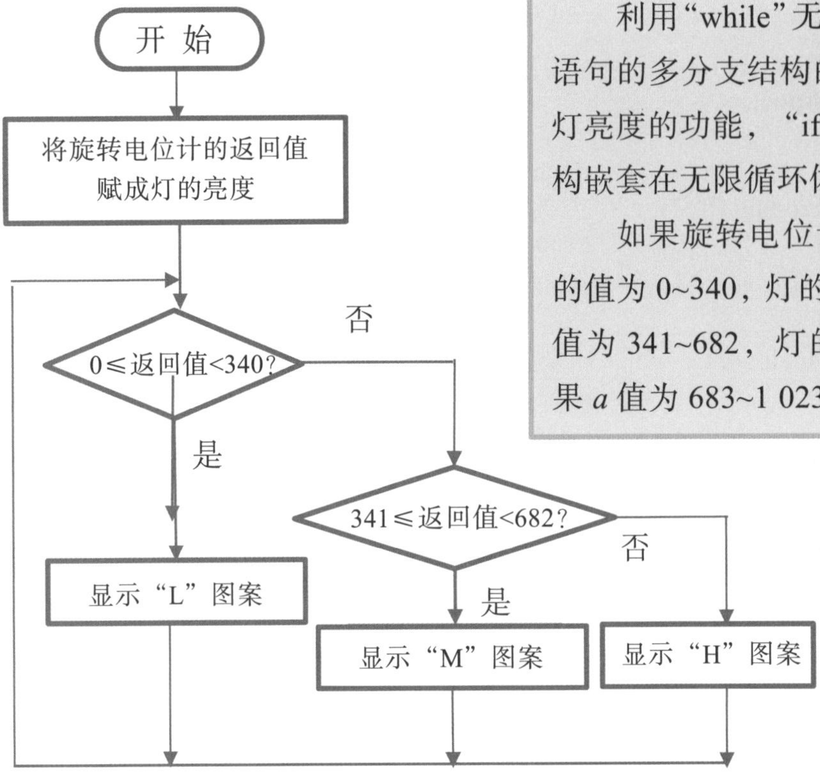

开 始

将旋转电位计的返回值赋成灯的亮度

0≤返回值<340?

否

是

341≤返回值<682?

否

是

显示"L"图案

显示"M"图案

显示"H"图案

> **旋钮调光灯**
>
> 利用"while"无限循环结构和"if"语句的多分支结构的嵌套来实现调节灯亮度的功能，"if"语句的多分支结构嵌套在无限循环体中。
>
> 如果旋转电位计返回的模拟值 *a* 的值为 0~340，灯的亮度较低；如果 *a* 值为 341~682，灯的亮度为中等；如果 *a* 值为 683~1 023，灯此刻最亮。

设计创造

同学们，让我们利用刚才所学的知识，设计旋钮调光灯，并结合流程图编写程序吧！

参考程序

```
    # 将 LED 灯插在 p1 端口，旋转电位计插在 p0 端口，控制 p1 引脚的模拟输出值（电压）
from microbit import *
while True:                          # 无限循环语句
    a = pin0.read_analog()           # 读取旋转电位计 pin0 模拟值后，将返回值赋给变量 a
    pin1.write_analog(a)             # 向引脚 1 写入变量 a 的值
    if 0 <= a < 340:                 # 当变量 a 的范围为 0~340
        display.show("L")            # 屏幕上显示"L"图案，灯的亮度较低（Low）
    elif 341 <= a < 682:             # 当变量 a 的范围为 341~682
        display.show("M")            # 屏幕上显示"M"图案,灯的亮度中等（Middle）
    else:                            # 当变量 a 的范围为 683~1 023
        display.show("H")            # 屏幕上显示"H"图案，灯的亮度最大（High）
```

目标检测

同学们，学习完本节课，你们是否已经掌握了以下知识点？请回顾学习过程，自我检测一下吧！

- ☐ GPIO 引脚的定义、作用和特点。
- ☐ Micro:bit 的 I/O 引脚类型和功能。
- ☐ GPIO 引脚的连接方式。
- ☐ 模拟量的输入和输出。

小知识

Python 强制数据类型转换函数：

int(x)：将 x 转换为十进制整数。

float(x)：将 x 转换为浮点数。

chr(x)：将 x 转换为字符。

list(seq)：将元组或字符串 seq 转换为列表。

str(object)：转换为字符串。

tuple(seq)：将列表 seq 转换为元组。

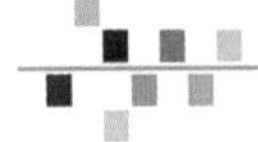

拓展提高：欧姆定律与旋转电位计

在学习欧姆定律和旋转电位计之前，我们先来做一个有趣的电学小实验——摩擦起电。

玻璃棒在丝绸上摩擦后，可以吸引起细小的纸屑，如图 5.6 所示，这是因为摩擦后的玻璃棒顶端产生了电荷。

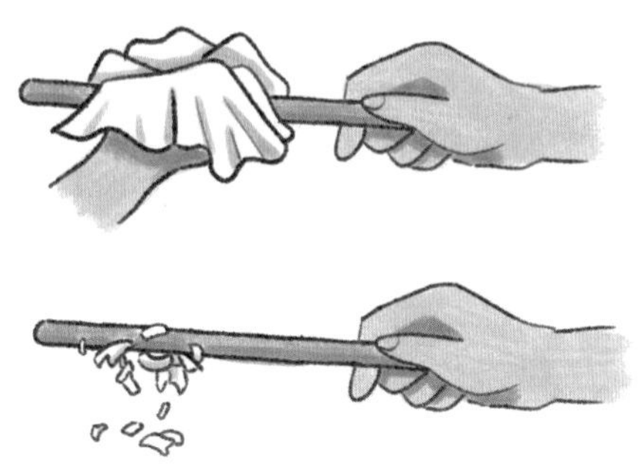

图 5.6　摩擦起电

电流（I）：电荷的移动叫作电流。我们把电荷在导体中的移动比作管道中的水流，由于高低差的作用水往低处流，电荷的移动也会由于电压差从高电压一端移动到低电压的一端，从而形成电流。

导体：可以导电的物体，如金属、人体、大地等。

电阻（R）：导体对电流的阻碍作用。导体的电阻是它本身的性质。

电压（U）：电荷由于电势的不同所产生的能量差。

1. 欧姆定律

在同一电路中，导体中的电流跟导体两端的电压成正比，跟导体的电阻成反比，这就是欧姆定律，如图 5.7 所示。公式为 $I=U/R$。

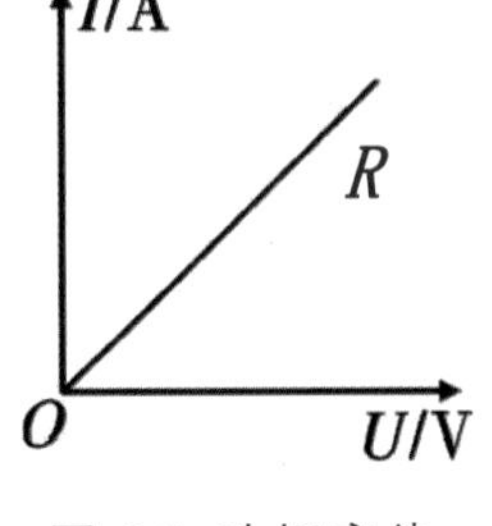

图 5.7 欧姆定律

2. 旋转电位计

具有电阻、电流及电压输出测量的仪器称为旋钮电位计，如图 5.8 所示。

将 5 V 电压加在一个电阻上，用一根导线从电阻的一端连接到电阻的某一部位，那么电流就会绕过之前的电阻，只流过后面部分的电阻，如果这个导线可以在电阻上移动，那么这就是一个可变阻值的电阻，被称为旋转电位计。

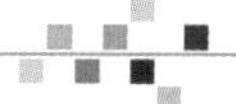

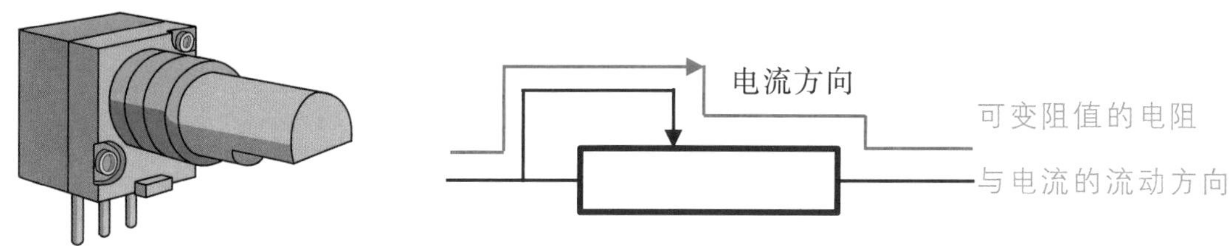

图 5.8　旋转电位计

应用：主要用于通信产品、对讲机、汽车功放、多媒体音响、智能家居、计算机周边等。

功能：音量调节、光线强弱调节、菜单选择、速度调节、温度调节等。

06 触摸引脚

关键词：触摸引脚、电容、数字量

发现问题

同学们，仔细观察 Micro:bit 上面的 0、1、2 号引脚，为什么它们这么大？有什么作用呢？你们有没有试过用手触摸大引脚？当触摸大引脚之后显示屏会发生什么变化呢?让我们一起来搜索答案吧！

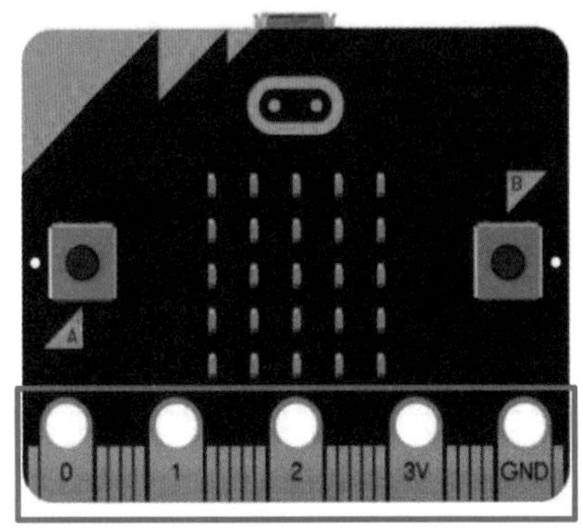

搜索答案

在 Micro:bit 的引脚中 0、1、2 引脚支持手指的触摸，被称为“触摸引脚”。我们可以创建触控应用程序实现手指与应用程序之间的交互。使用时，需要用两个手指同时接触 GND 和触摸引脚，如图 6.1 所示，它通过检测电容的变化来识别触摸动作。

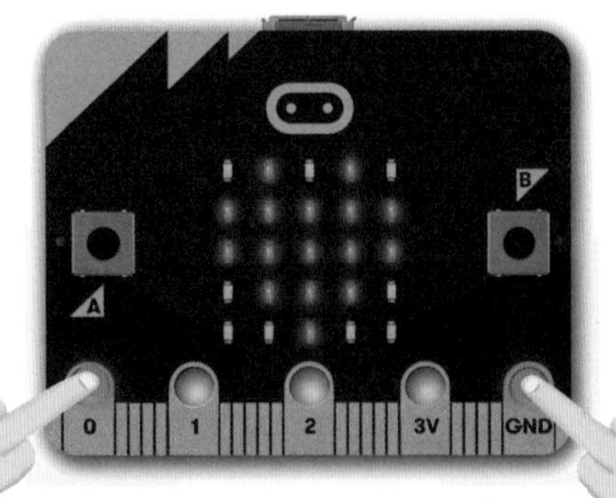

图 6.1 使用触摸按钮的方法

电容器：任何两个彼此绝缘、相互靠近的导体，中间夹一层不导电的绝缘介质，就构成了电容器，如图 6.2 所示。当在电容器的两个极板之间加上电压时，电容器就会储存电荷。

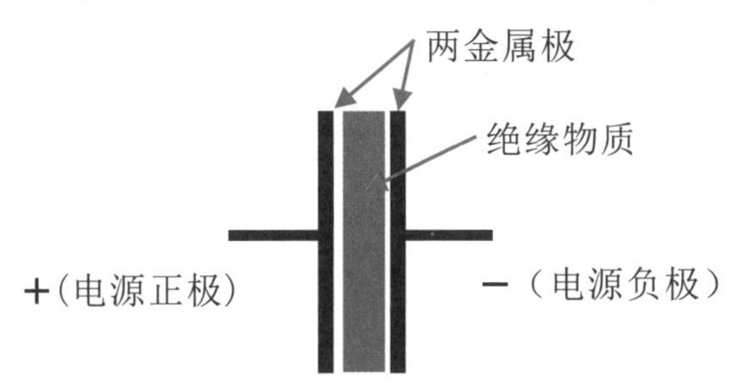

图 6.2　电容器

小知识

电容器既然是一种储存电荷的“容器”，就有“容量”大小的问题。为了衡量电容器储存电荷的能力，确定了电容量这个物理量，简称电容，用字母 C 表示。电容量的基本单位为法拉（F）。国际上统一规定，给电容器外加 1 V 直流电压时，它所能储存的电荷量，为该电容器的电容量（即单位电压下的电量）。

18 世纪初，荷兰莱顿大学物理学教授马森布洛克发明了一种瓶子（见图 6.3），它的内外表面分别贴有金属箔，金属箔被绝缘的玻璃瓶分开。通过瓶子中央的金属棒和链条，将外面的正电荷导入内侧金属箔，再将外部金属箔接地，就形成了一个可以存储电荷的容器，电荷被束缚在两层金属箔之间。这就是世界上最早的电容器——莱顿瓶。

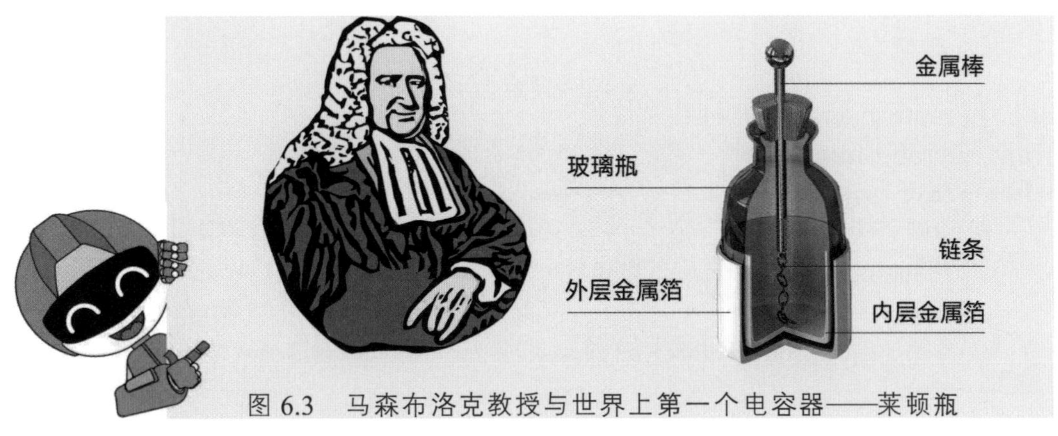

图 6.3　马森布洛克教授与世界上第一个电容器——莱顿瓶

工作原理

Micro:bit 上电容式触摸感应原理

人体可以看成是一个导体，上面分布着很多可以自由移动的电荷。当任何具有电容特性的物体（如手指）接触电容式触摸感应器时（见图 6.4），手指充当其中一个金属极板，而另一个金属极板就是触摸引脚。人体表面的自由电荷将产生一组电容，这些电容附着于体表。这一电容组接近导体时，将会产生一个实质上对地的电容，都将改变系统的有效电容，以此检测触摸动作。

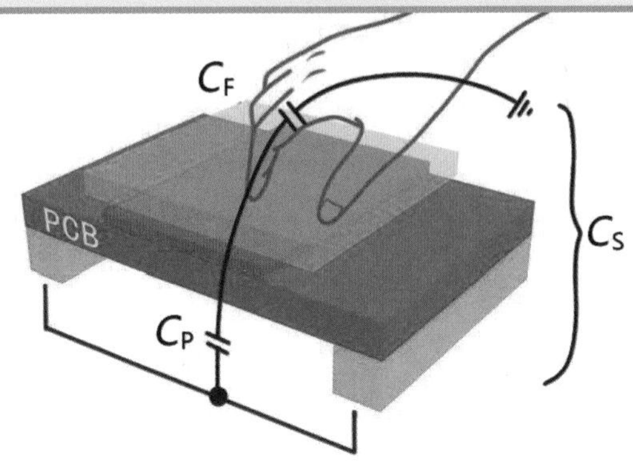

图 6.4 人体电容的产生原理

思考应用

同学们，想一想，Micro:bit 上的触摸引脚要怎样使用，Micro:bit 还有哪些方法可以感知触摸？

1. 检测人体触摸

首先一只手拿着 GND 引脚，用另一只手触摸 0、1、2 引脚中的任意一个引脚。

参考程序

```
# 检测 pin0 引脚是否被触摸
from microbit import *
while True:
    if pin0.is_touched():                    # 如果引脚被触摸
        display.show(Image.SMILE)            # 显示屏上显示笑脸图案
    else:                                    # 引脚未被触摸
        display.show(Image.SAD)              # 显示屏上显示哭脸图案
```

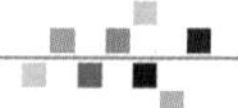

代码解析

我们可以使用“pin0.is_touched()”函数来检测引脚 0 是否被触摸，如果引脚被一根手指触碰则返回“True”，否则返回“False”。然后通过“if…else”语句选择不同的结果：如果引脚被触摸，显示屏上显示笑脸图案；否则显示哭脸图案。

2. 读取触摸引脚上的电容

参考程序

```
# 读取引脚 0 上的电容
from microbit import *

while True:                    # 使程序无限循环
    a = pin0.read_analog()     # 读取引脚 0 的电容值并将其赋值给 a
    display.scroll(str(a))     # 显示屏上滚动显示引脚 0 的值
    sleep(2000)
```

代码解析

使用“pin.read_analog()”读取触摸引脚引脚的电容，返回 0~1 023 的值。将返回值赋值给变量 *a*，在屏幕上滚动显示变量 *a* 的值，每隔 2 000 ms 重新读取一次。

3. 其他感知触摸的方法

触摸传感器

触摸传感器是一种捕获和记录物理触摸的设备（见图 6.5），通过物体和人体间的接触起作用。与按钮或者其他手动方式不同，触摸传感器更为灵敏，可以响应敲击、触摸或挤压等不同类型的触摸。

图 6.5 触摸传感器

工作原理

触摸传感器在触摸屏镀上狭长的电极，在导电体内形成一个低电压交流电场。当有人触摸屏幕时，由于人体具有电场，手指触摸传感器时产生电流，就能传递信息了，如图 6.6 所示。使用时，有人触摸返回高电平，无人触摸返回低电平。

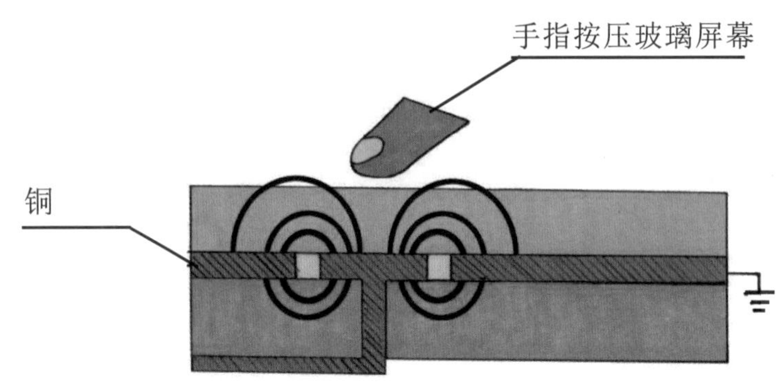

图 6.6　触摸传感器工作原理

分析组成

同学们，有的道路非常的长，行人如果走到路口过红绿灯很麻烦，所以在半路上设置礼让行人的红绿灯，分析一下它是由哪几部分组成的。

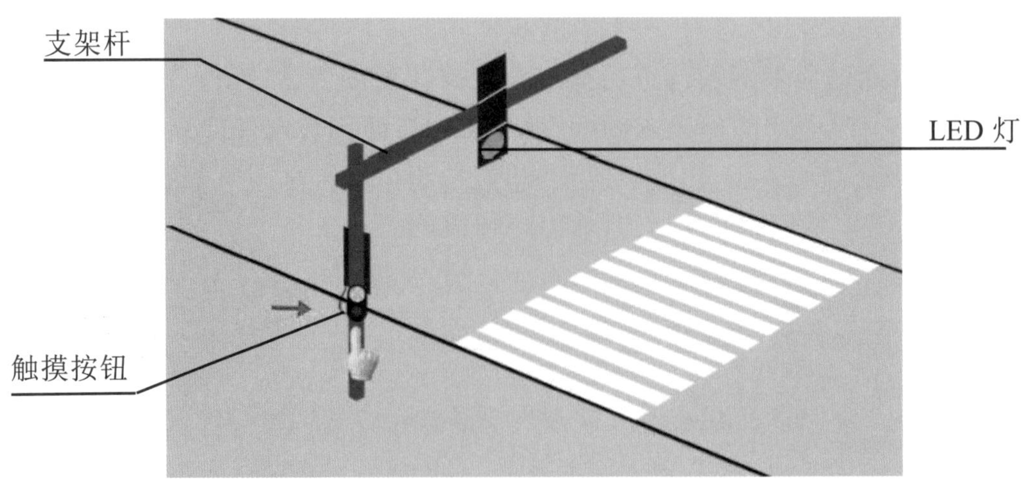

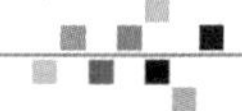

功能分析

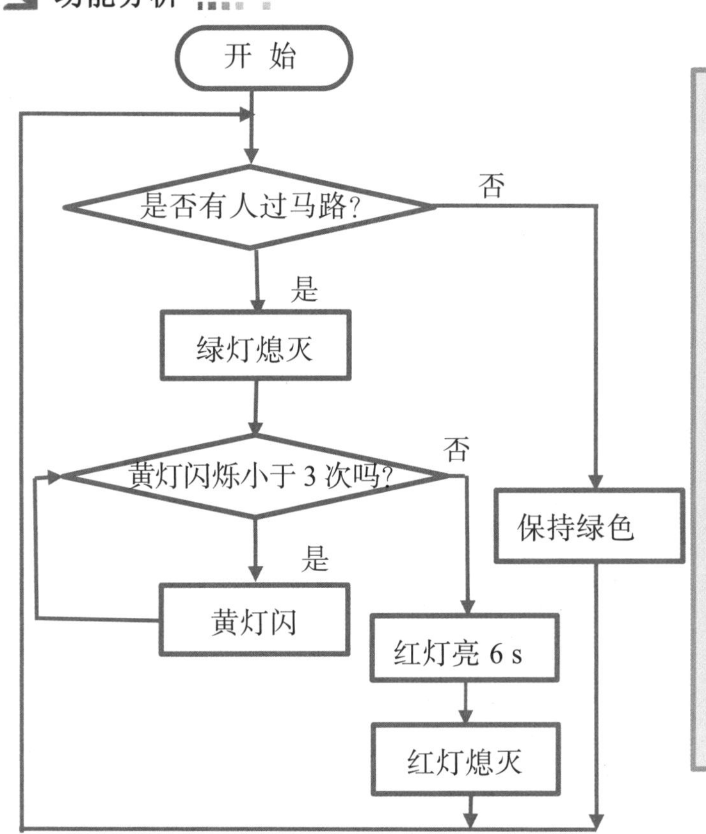

礼让行人的红绿灯

利用“if”条件结构和“while”循环结构来实现礼让行人的功能，循环结构嵌套在条件结构中。

如果有人过马路时，按动触摸开关，绿灯熄灭，黄灯闪烁 3 次后红灯点亮 6 s，让行人通过，然后红灯熄灭。

若无人过马路，一直保持绿灯亮的状态。

编程语法

数字量引脚的控制方式：

Micro:bit 上的每个引脚都由一个叫作 pin*N* 的对象表示，其中 *N* 是引脚号。例如，若要用标记为 0 的引脚进行操作，则需要使用名为 pin0 的对象。这些对象根据特定引脚的功能使用不同的方法。本项目使用数字量读取和写入方法。

（1）使用“pin.read_digital()”函数读取引脚数字信号，如果引脚为高电平返回“1”，否则返回“0”。

```
pin0.read_digital()          # 读取 pin0 号引脚返回值
```

（2）使用“pin.write_digital()”函数设置引脚的数字量输出，括号内可以是“0”或“1”。如果写入“1”则设置该引脚为高电平，如果写入“0”则设置引脚为低电平。以“pin0”引脚为例，格式如下：

```
pin0.write_digital(1)            # 将 pin0 号引脚设为高电平
pin0.write_digital(0)            # 将 pin0 号引脚设为低电平
```

设计创造

同学们，让我们利用刚才所学的知识，设计礼让行人的红绿灯，并结合流程图编写程序吧！

硬件连接

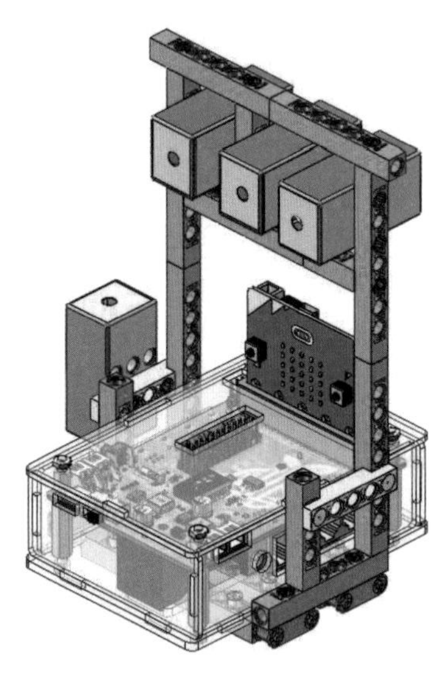

参考程序

```
# 礼让行人的红绿灯（触摸传感器接 pin6，绿灯接 pin0，黄灯接 pin1，红灯接 pin2）
from microbit import *
display.off()
while True:
    if pin6.read_digital() == 1:          # 如果有人过马路（读取引脚 1 为高电平）
        pin0.write_digital(0)             # 绿灯熄灭（设置引脚 2 为低电平）
        count = 0                         # 变量初始化
        while count < 3:                  # 黄灯闪烁的次数是否小于 3
            pin1.write_digital(1)         # 黄灯亮（设置引脚 12 为高电平）
            sleep(500)
```

```
            pin1.write_digital(1)       # 黄灯亮（设置引脚 12 为高电平）
            sleep(500)
            pin1.write_digital(0)       # 黄灯熄灭
            sleep(500)
            count = count+1             # 黄灯闪烁次数加 1
        pin2.write_digital(1)           # 红灯亮（设置引脚 8 为高电平）
        sleep(6000)                     # 保持 6 s
        pin2.write_digital(0)           # 红灯熄灭
    else:                               # 否则
        pin0.write_digital(1)           # 绿灯亮
```

目标检测

同学们，学习完本节课，你们是否已经掌握了以下知识点？请回顾学习过程，自我检测一下吧！

- ☐ 触摸引脚定义、作用。
- ☐ 使用引脚编写读取电容、检测触摸程序。
- ☐ 数字量的输入输出及控制方式。

拓展提高

模数转换：将连续变化的模拟量转换成离散的数字量，简称 A/D 转换。把表示数字量的信号称为数字信号，把表示模拟量的信号称为模拟信号，如图 6.7 所示。

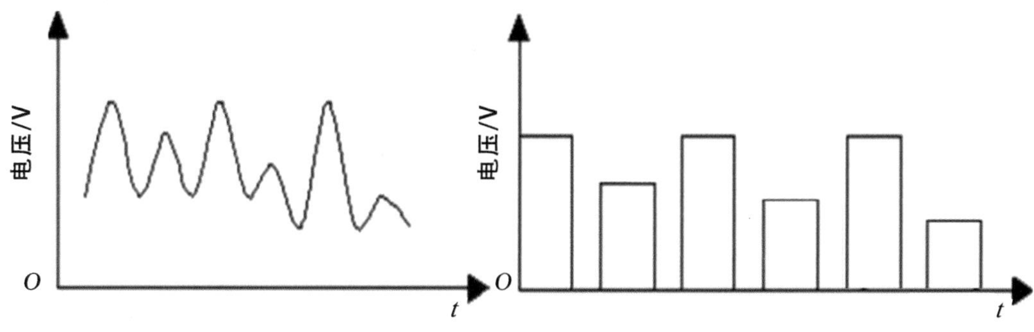

图 6.7　模拟信号（左）和数字信号（右）波形图

计算机只能对输入的数字信号进行识别和处理（见图 6.8）。要使计算机识别和处理温度、位移、压力等模拟信号，就需要一种能在模拟信号和数字信号中起桥梁作用的模数转换器,把连续的模拟信号用离散的数字信号进行表达,简称 ADC（见图 6.9）。

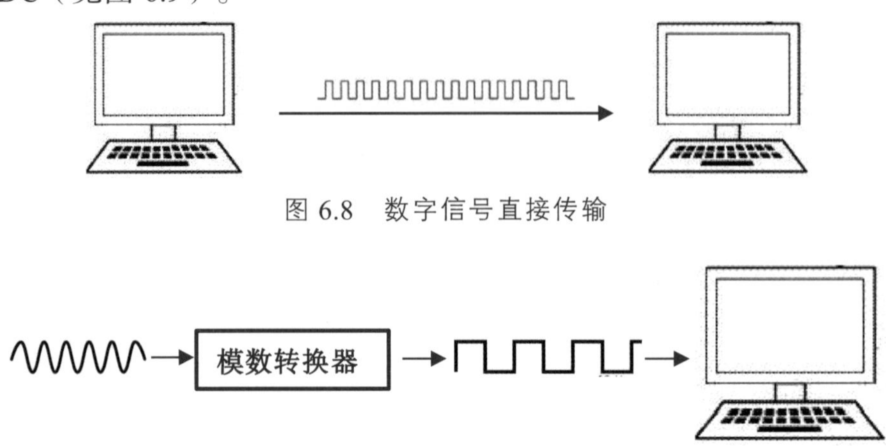

图 6.8　数字信号直接传输

图 6.9　模拟信号间接传输

07 声音与音乐 1

关键词：蜂鸣器、模块（Module）、声音与频率、for 循环

发现问题

音乐盒悠扬的乐声，会勾起人们对美好往事的回忆，这就是音乐的魔力！它的起源可追溯至中世纪欧洲文艺复兴时期。现代音乐盒大多为电子产品，将音乐记录在控制芯片的内部，经由蜂鸣器发出，这是如何实现的呢？让我们一起来探索答案吧！

搜索答案

在 Micro:bit 控制板的反面正中间，有一个菱形凸起，这就是蜂鸣器（也称作扬声器），如图 7.1 所示，可以用它播放 Micro:bit 内置的音乐，也可以自定义音乐播放。注意：v2 以下版本无此设备，可通过外接扬声器实现（接线方法参考图 7.6）。

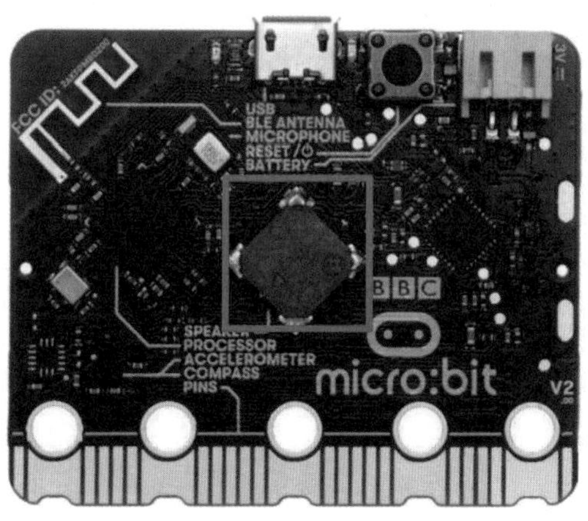

图 7.1　Micro:bitV2 版本自带扬声器

>>> 定 义 <<<

蜂鸣器（见图 7.2）是一种把电信号转变为声信号的换能器件，根据其内部是否含有振荡源电路，分为有源蜂鸣器和无源蜂鸣器两种，它被广泛应用于电子产品中作为发声器件。

图 7.2　蜂鸣器

>>> 小知识 <<<

声音产生的本质：声音是一种压力波。关于声波最著名的是音叉实验，如图 7.3 所示。当演奏乐器、拍打一扇门或敲击桌面时，它们的振动会引起介质——空气分子有节奏地振动，使周围的空气产生疏密变化，形成疏密相间的纵波[①]，如图 7.4 所示，这就产生了声波。所以想要使物体发出声音，首先要使物体产生振动。

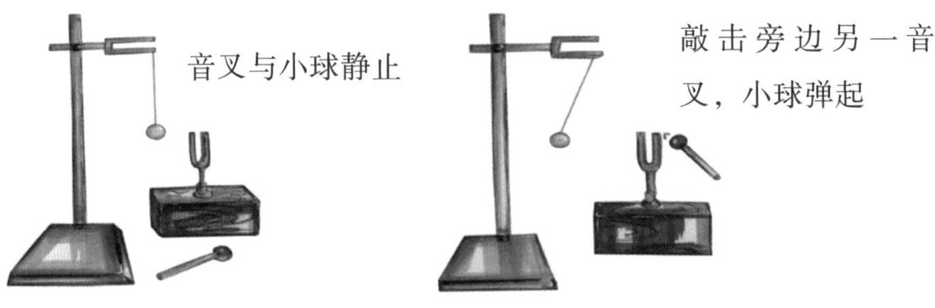

图 7.3　音叉实验——证明声波是一种压力波

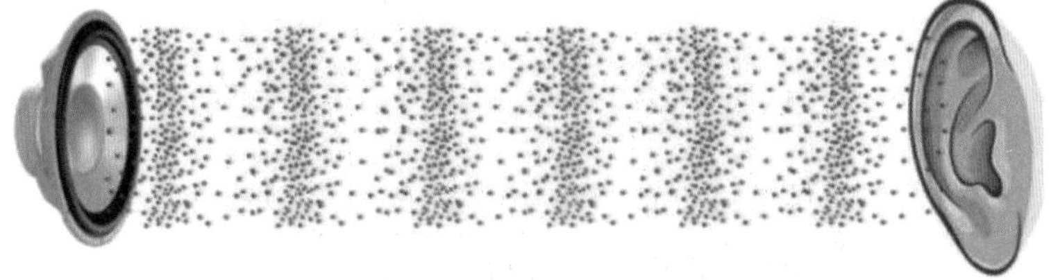

图 7.4　声音传播时引起空气疏密变化

① 纵波：质点的振动方向与传播方向同轴的波。

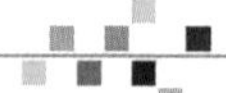

工作原理

蜂鸣器里面有磁铁和线圈，如图 7.5 所示，给线圈通上不断变化的电压，在磁铁产生的磁场中和线圈固定在一起的振膜就会快速上下运动，于是声音就产生了。

有源蜂鸣器内部有发声电路，通上电压合适的直流电就会发出叫声，但是只能发出一种音阶；无源蜂鸣器内部无发声电路，需要脉冲信号[①]才能发出声音。无源蜂鸣器的优点是声音频率可控，可以发出“do、re、mi、fa、so、la、xi”的声音。

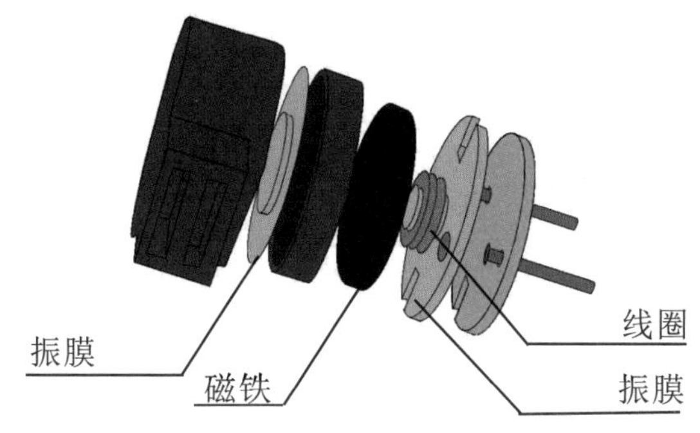

图 7.5　电磁式蜂鸣器工作原理

思考应用

同学们，想一想，怎样才能控制 Micro:bit 上的蜂鸣器呢？如何才能播放出美妙的音乐呢？

1. 播放指定频率

声音是由物体振动产生的，每秒钟振动的次数称为频率（frequency），单位是赫兹（Hz）。例如，物体每秒钟振动 500 次，其频率就是 500 Hz。可以被人耳识别的声音频率为 20~20 000 Hz，不同的频率会发出不同音调（pitch）。

参考程序

```
# 播放指定频率
from microbit import *
import music                    # 导入 music 模块
music.pitch(500, 2000)           # 发出 500 Hz 的声音持续 2 000 ms
```

① 脉冲信号：电子技术中经常运用的一种像脉搏似的短暂起伏的电冲击（电压或电流）。

代码解析

在 Micro:bit 中，播放音乐时要导入音乐模块，然后利用“pitch()”函数播放指定频率的声调，设定音乐持续时间（见图 7.6）。该代码的作用是使 500 Hz 的声音持续 2 000 ms。语法是“music.pitch(frequency, len= -1, pin=microbit.pin0, wait=True)”。其中：“frequency”表示声音的频率；“len”表示播放时间，单位是毫秒，默认情况下“len= -1”表示一直播放；“pin”用于设置扬声器所在引脚，默认使用引脚 pin0；“wait”表示是否后台播放[①]。

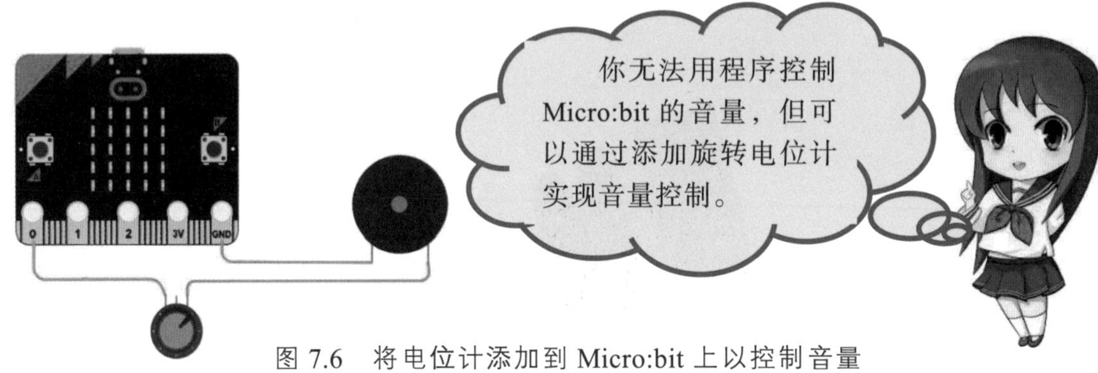

图 7.6 将电位计添加到 Micro:bit 上以控制音量

模块和类

模块（Module）：能够单独命名并独立地完成一定功能的程序语句的集合，简单来说,模块就是一种 Python 程序，任何 Python 程序都可以作为模块。模块能够有逻辑地组织 Python 代码段，把相关的代码分配存放到一个模块中，便于管理。

类（Class）：面向对象编程的基础，抽象出不同物体的共同特征，具有相同属性和行为的一类实体称为类。当类被创建之后，就相当于拥有了一个蓝图或模板，基于这个模板，可以创建出实物（这个过程称为实例化），然后才可以调用实物的功能（函数）。

模块和类的关系：模块包含类，类是模块中的一个成员。把模块比作一盒积木，类相当于积木中拥有共同特征的积木块（圆柱体类、正方体类、半圆体类），一个模块中可以包含多种类，如图 7.7 所示。

---

① 后台播放：当 wait=True 时，不进行后台播放，需要将指定频率播放完，才能进行下一条指令。

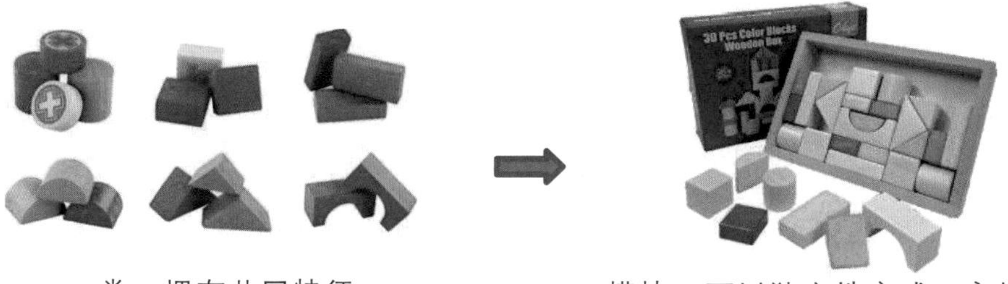

类：拥有共同特征　　　　模块：可以独立地完成一定的功能

图 7.7 模块和类的关系

Python 导入模块的 3 种方法模块

（1）import 语句

在 Micro:bit，一切与硬件交互直接相关的东西都存在于模块中。有很多模块定义好之后，我们可以使用“import”语句来引入模块，如要引用模块 music，需要在文件最开始的地方导入音乐模块（import music），语法如下。

```
语法： import 模块名
示例： import music
```

调用“music”模块中的函数，例如调用其中的“pitch()”函数，语法如下。

```
语法： 模块名.函数名
示例： music.pitch()
```

（2）from…import 语句

Python 中的“from”语句表示从模块中导入一个指定的部分到当前命名空间中。例如，要导入模块“music”中的“pitch”函数，语法如下。

```
语法：from 模块名 import 函数名
示例：from music import pitch
```

该语句不会把整个“music”模块导入到当前的命名空间中，只会将模块“music”中的“pitch”单个函数导入。

（3）from…import *语句

该语句是把一个模块中的所有内容全都导入到当前的命名空间，如一次性导入“math”模块中的所有东西，语法如下。

```
语法：from 模块名 import *
示例：from math import *
```

2. 播放内置音乐

“music”模块中提供了 21 首内置音乐，可以使用“music.play()”方法去调用，调用的歌曲名称以“music.歌曲名”的方式写在“play()”函数的括号内。具体歌曲列表见右侧二维码链接的内容。

参考程序

```
# 播放内置歌曲
from microbit import *
import music                    # 导入音乐模块
music.play(music.PYTHON)     # 播放内置音乐 PYTHON
```

Python 中的音乐

代码解析

“music.play(music, pin=microbit.pin0, wait=True, loop=False)”导入“music”模块，调用模块中的“play()”函数，播放指定音乐旋律，函数中的“music”参数是内置音乐；“pin”表示播放时使用的 Micro:bit 的引脚,默认为“pin0”；“wait”表示是否后台播放，默认为“True”，后台不播放音乐，当为“False”时，后台播放音乐，即可以与其他程序同时执行；“loop”表示是否循环播放。

分析组成

同学们，让我们一起分析一下八音盒是由哪几部分组成的。

结构组成

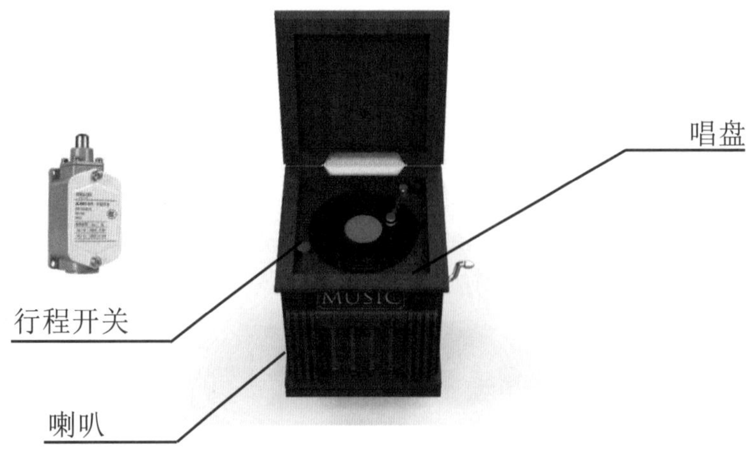

行程开关：位置开关的一种，它利用机械运动部件的碰撞触头动作来控制电路的接通和断开。行程开关属于数字量输入设备，触头在被按下时返回高电平，弹开时返回低电平。

功能分析

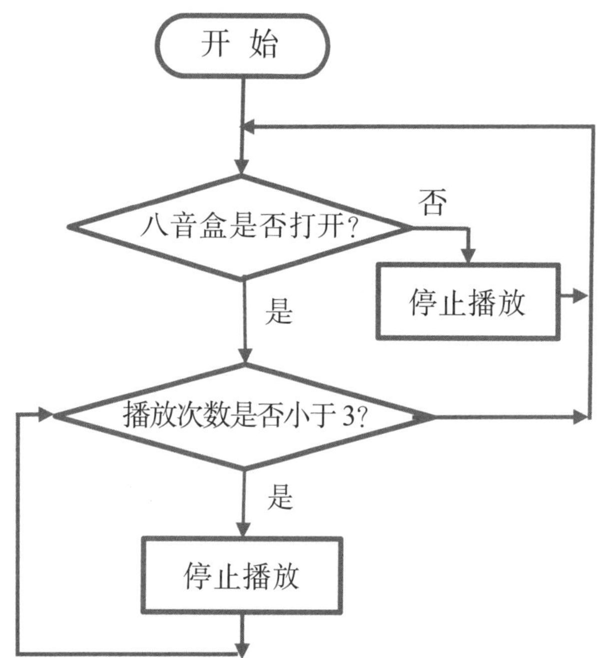

> **八音盒**
>
> 利用“if”条件结构，“for”和“while”循环结构来实现八音盒循环播放音乐的功能。“for”循环语句和“if”条件结构嵌套在“while”无线循环结构中，当八音盒打开时，执行“for”循环语句 3 次，即音乐播放 3 次；八音盒盖子未打开时不播放歌曲。

编程语法

1. “for”循环语句

for 循环是一个依次重复执行的循环，通常适用于遍历序列[①]，以及迭代对象[②]中的元素。

语法格式如下：

```
for 迭代变量 in 序列:
    循环体
```

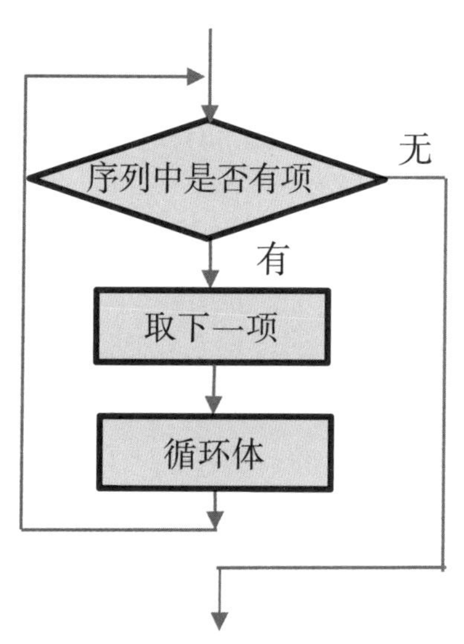

迭代变量用于保存从序列中读取出来的值；序列中存放要迭代的对象，如列表，字符串等；循环体为一组被重复执行的语句。

① 序列：被排成一列的对象，详情请见下节课。
② 迭代对象：可以使用“for”循环遍历的对象。

用现实中的例子来理解“for”循环的执行过程（见图 7.8）：在体育课上，老师让全班同学排成一列进行跨栏训练，每个同学只有一次机会，跨过之后就换另一个同学，直到全部同学测试完毕。在这个例子中，排成一列的同学就是一个序列，序列中的每一个同学就是迭代变量的取值，循环体就是跨栏训练，当全部同学测试完毕之后，循环体就结束了。

图 7.8　for 循环就像按队列排序依次让同学去跨栏

2. range()函数

语法结构如下：

```
range(start,stop[,step])
```

- **start**：用于指定计数的起始值，可以省略，如果省略表示从 0 开始。
- **stop**：用于指定计数的结束值，但不包括该值。这个参数不能省略，如“range（5）”，得到的值是 0、1、2、3、4。
- **step**：用于指定步长，即两个数之间的间隔，可以省略，如果省略，表示步长为 1。例如，“range（1,7,2）”得到 1，3，5；“range(1,7)”得到 1、2、3、4、5、6。

注意：在使用 range()函数时，如果只有 1 个参数，则表示指定的是“stop”；如果有 2 个参数，则表示指定的是“start”和“stop”；如果 3 个参数都存在时，最后一个才表示步长。

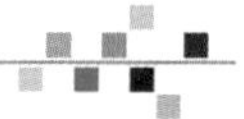

设计创造

同学们，让我们利用刚才所学的知识，设计八音盒，并结合流程图编写程序吧！

硬件结构

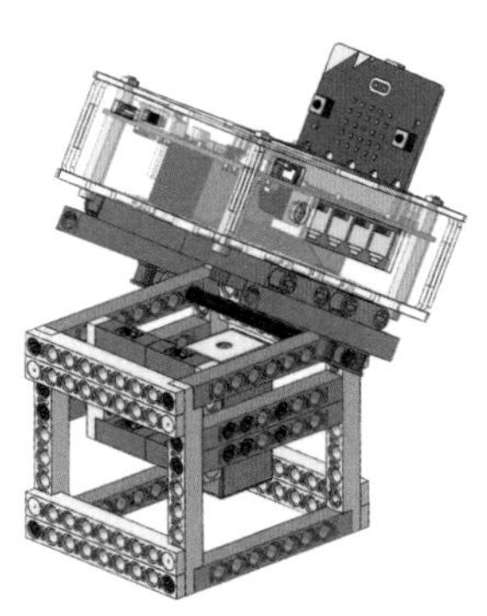

参考程序

```
# 八音盒：打开盒盖，播放 3 遍音乐（行程开关接 pin1，按下返回高电平，弹开返回低电平）
from microbit import *
import music                                   # 导入音乐模块
while True:                                    # 使程序无限循环
    # 判断音乐盒是否被打开
    if pin1.read_digital() == 0:               # 如果读取引脚 1 为低电平，执行语句
        for i in range(0, 3, 1):               # 利用 for 循环让音乐播放 3 次
            music.play(music.PYTHON)           # 播放内置音乐
    else:                                      # 否则
        music.stop()                           # 音乐停止
```

目标检测

同学们，学习完本节课，你们是否已经掌握了以下知识点？请回顾学习过程，自我检测一下吧！

- ☐ 蜂鸣器的定义及工作原理。
- ☐ 编写控制蜂鸣器的程序代码。
- ☐ Python 导入模块方式。
- ☐ “for”循环语句及“range”函数的使用。

拓展提高：while 循环和 for 循环的区别

生活中的一些事情，必须周而复始地运转才能保证其存在的意义，如公交车必须每天往返于始发站和终点站之间。类似这种反复做同一件事的情况称为循环。循环有两种类型：

（1）重复一定次数的循环，称为计次循环，如“for”循环。在“for”循环中，循环控制变量的初始化和修改都放在语句开头部分，形式简洁，适用于循环次数已知的情况。

（2）一直重复，直到条件不满足时才结束的循环，称为条件循环。只要条件满足（为真），这种循环就会一直持续下去，如“while”循环。在“while”循环中，循环控制变量的初始化一般放在“while”语句之前，循环控制变量的修改一般放在循环体中，形式上不如“for”循环简洁，但它适用于循环次数不易预知的情况。

08 声音与音乐 2

关键词：序列、列表

发现问题

Micro:bit 不仅可以播放单首歌曲，还可以按照事先设定好的歌曲列表进行顺序或随机播放，同时它还支持自定义歌曲，这样就可以创作自己喜欢的歌曲，通过 Micro:bit 播放这些美妙的音乐。这究竟是如何实现的呢？让我们一起来探索答案吧！

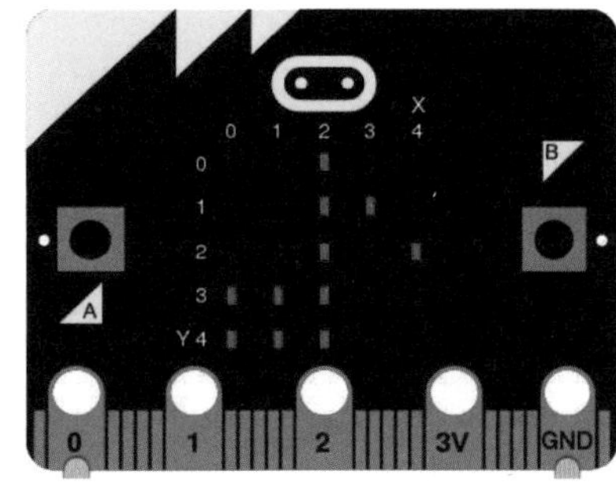

搜索答案

当我们使用手机或计算机上的用音乐播放器听歌，会提前创建好自己的音乐列表，将喜欢的音乐导入播放列表中进行播放，如图 8.1 所示。Python 中的序列和歌曲播放列表与之类似，也是由一系列按照特定顺序排列的元素组成的。

图 8.1　音乐播放列表

>>> 定 义 <<<

序列：在 Python 中，序列（sequence）是一块用于存放多个值的连续内存空间，并且按照一定顺序排列，每个值称为元素（element）。在序列中，每个元素都分配一个数字，称为索引（index），通过索引就可以取出相应的值（见图 8.2）。在 Python 中，序列结构主要包含列表、元组、集合、字典和字符串等 5 种数据类型。

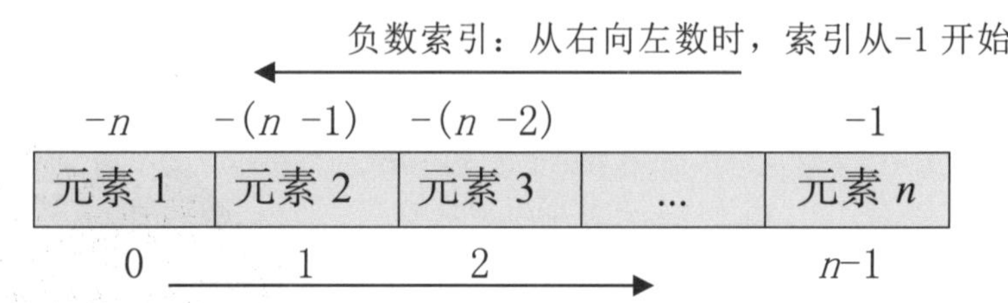

图 8.2 序列与索引

>>> 定 义 <<<

列表：在 Python 中，列表（list）是一种序列结构的数据类型，它由一系列按照特定顺序排列的元素组成。在形式上，列表的所有元素都放在一对中括号“[]”里面，两个相邻元素间使用逗号“，”分割，在内容上，可以将整数、浮点数（小数）、字符串、列表、元组等任何数据类型放在列表中，并且同一个列表中，元素的数据类型可以是不同的。

用生活中的例子来理解列表的话，它很像火车上面的行李架，行李架上可以存放各种类型的行李（列表中元素可以是不同类型），如图 8.3 所示，旅客下车时可以带走自己的行李（删除列表元素），空出来的位置会被新的行李重新占满（添加、替换列表元素），安检的时候列车员会依次检查每一件行李（遍历列表），统计行李个数（对列表进行统计和计算），整理行李摆放位置（对列表进行排序）。

图 8.3 将列表类比为行李架

创建一个列表，只要把逗号分隔的数据项使用方括号括起来即可，语法格式如下：

```
Listname = [element1, element2,⋯elementN]
```

下面定义的列表类型都是合法的：

Unm = [7, 14 , 0.3];

mix1 = [" 你好 " , " HELLO " , [" 天津 " ,0]];

Emptylist = [ ]

思考应用

同学们，想一想，如何利用 Micro:bit 播放自定义音乐列表?

1. 顺序播放自定义音乐列表并循环

在听音乐的时候，我们通常会将自己喜欢的音乐从曲目库中选出，放在一个自定义列表里面，然后按照列表里面的排列顺序，依次播放。第一遍播放完成后，又回到了列表的顶端，继续依次播放，下面让我们用代码来实现这个功能。

参考程序

```
# 循环播放 3 首歌曲
    from microbit import *
    import music                        # 导入音乐模块
    while True:                         # 让程序无限循环
        musiclist = [music.BADDY, music.BA_DING, music.BIRTHDAY]
                                        # 创建一个名为 musiclist 的列表
        for item in musiclist:          # 利用 for 循环遍历列表中的元素
            music.play(item)            # 播放列表中的歌曲
```

代码解析

导入音乐模块，利用“while”循环结构使程序无限循环，然后创建一个“musiclist”列表，直接使用“for”循环遍历列表，“item”是定义的变量名，用于迭代列表中的元素，这样就可以输出列表中元素的值，同时“item”是一个局部变量，只能在“for”循环中起作用。通常我们通常将“item”简写成“i”，遍历出来的元素使用“music.play()”函数播放出来。

使用“for”循环遍历列表的语法格式如下。

```
for item in listname：        # listname 是列表名称
    # 输出 item               # item 用于保存获取到的元素值
```

2. 随机播放自定义音乐列表

在我们听音乐时，相比于顺序播放，随机播放会给我们意想不到的惊喜，让我们用代码来实现这个功能吧！

参考程序

```
# 随机播放一首歌曲
from microbit import *
import music                  # 导入音乐模块
import random                 # 导入随机模块
while True:
    musiclist = [music.PYTHON, music.BADDY, music.BIRTHDAY]   # 创建音乐列表
    for i in range(0,3):          # 利用 for 循环结构遍历列表
        A = random.choice(musiclist)   # 从列表中随机选择一首音乐，将其赋值给 A
        music.play(A)                  # 播放随机选择的音乐
        musiclist.remove(A)            # 删除随机选择播放的音乐
    sleep(3000)
```

代码解析

首先导入随机模块，创建音乐列表，利用“for”循环遍历列表。在共有 3 首歌曲音乐列表中，随机选择一首进行播放。需要利用“random.choice()”方法实现获取随机元素的功能；在音乐播放完成后，需要利用“listname.remove()”方法将这首歌从音乐列表中删除；在新列表中再随机挑选一首歌播放，播放后继续删除，当列表中没有元素（即歌曲）时，停止播放 3 s，然后进入下一个循环，如此重复。

“random（随机）”模块

```
import random    # random 模块是 Python 标准库中的模块，用于生成随机行为
random.choice(seq)   # 从非空序列“seq”中返回一个随机元素。
```

"list.remove()"方法

"remove()"方法用于移除列表中某个元素的第一个匹配项，如果该列表中有两个元素相同，它会把靠前的元素移除。

```
listname.remove(obj)      # obj:列表中要移除的对象（元素）
```

3. 循环播放列表中的某一首歌曲

在 Python 中，可以使用使用下标索引来访问列表中的某一元素。

```
listname[index]   # 通过列表名[索引号]的方式，访问列表中某一元素
```

参考程序

```
# 利用索引播放特定音乐（即单曲循环）
from microbit import *
import music
while True:
    musiclist = [music.PYTHON, music.BADDY, music.BIRTHDAY]
    music.play(musiclist[1])
```

代码解析

创建的"musiclist"列表序列中的 3 首歌曲（即元素）都分配了 1 个索引，第 1 个元素的索引值为 0，第 2 个为 1，依此类推，利用索引播放第 2 首音乐，利用"while True"无限循环播放。

4. 增加、删除和替换音乐

（1）在原有列表中增加一首音乐。

参考程序

```
# 在原有列表中增加一首音乐
from microbit import *
import music
musiclist = [music.PYTHON, music.BADDY, music.BIRTHDAY]
musiclist.append(music.CHASE) # 在原有列表中增加一首名为 CHASE 的歌曲
for i in musiclist:
    music.play(i)
```

代码解析

"利用 musiclist.append()"方法在列表末尾追加元素，利用"for"循环语句进行遍历播放新的歌曲列表。语法格式如下：

```
list.append(obj)    # obj:要添加到列表末尾的对象（元素）
```

（2）在原有列表中删除一首音乐。

参考程序

```
# 删除一首音乐
from microbit import *
import music
musiclist = [music.PYTHON, music.BADDY, music.BIRTHDAY]
del(musiclist[-1])          # 删除索引号为-1 的歌曲，即倒数第 1 首歌曲
for i in musiclist:
    music.play(i)
```

代码解析

利用"del"删除列表中的某一首歌曲，该程序删除的是列表中的倒数第 1 首歌曲，"del"是 Python 保留字，就像"if""and""or"一样。它不是列表的方法，但是可以用来删除列表的元素。然后利用"for"循环语句进行遍历播放新的歌曲列表。

"del"的语法格式如下：

```
del listname[index]    # 通过索引的方式找到列表中指定元素，然后删除该元素
```

（3）在原有列表中替换一首音乐

参考程序

```
# 替换一首音乐
from microbit import *
import music
musiclist = [music.PYTHON, music.BADDY, music.BIRTHDAY]
musiclist[2] = music.CHASE       # 用名为 CHASE 的音乐将第 3 首歌进行替换
for i in musiclist:
    music.play(i)
```

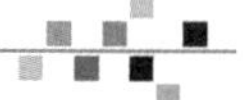

代码解析

修改列表中的元素只需要通过索引获取该元素，然后为其重新赋值即可。该代码直接用一首新的音乐来覆盖原有列表中的第 3 首歌曲，达到替换的目的。

分析组成

同学们，让我们一起分析一下穿越火线是由哪几部分组成的。

结构分析

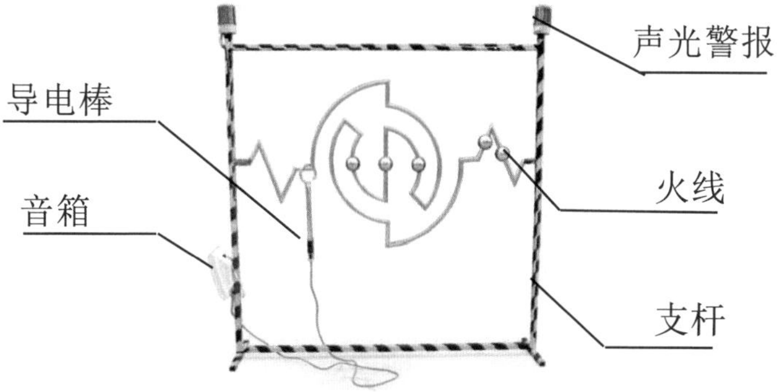

功能分析

穿越火线

利用“while”无限循环和“if”多分支结构实现穿越火线的功能，如果触碰到火线，就播放指定频率的声音，播放一次，触碰次数“count”进行加一的操作。如果满足到达终点并且触碰次数小于 5 两个条件，播放胜利音乐并展示笑脸，此时游戏终止；如果触碰次数大于 5 次，展示哭脸播放失败音乐，游戏结束。

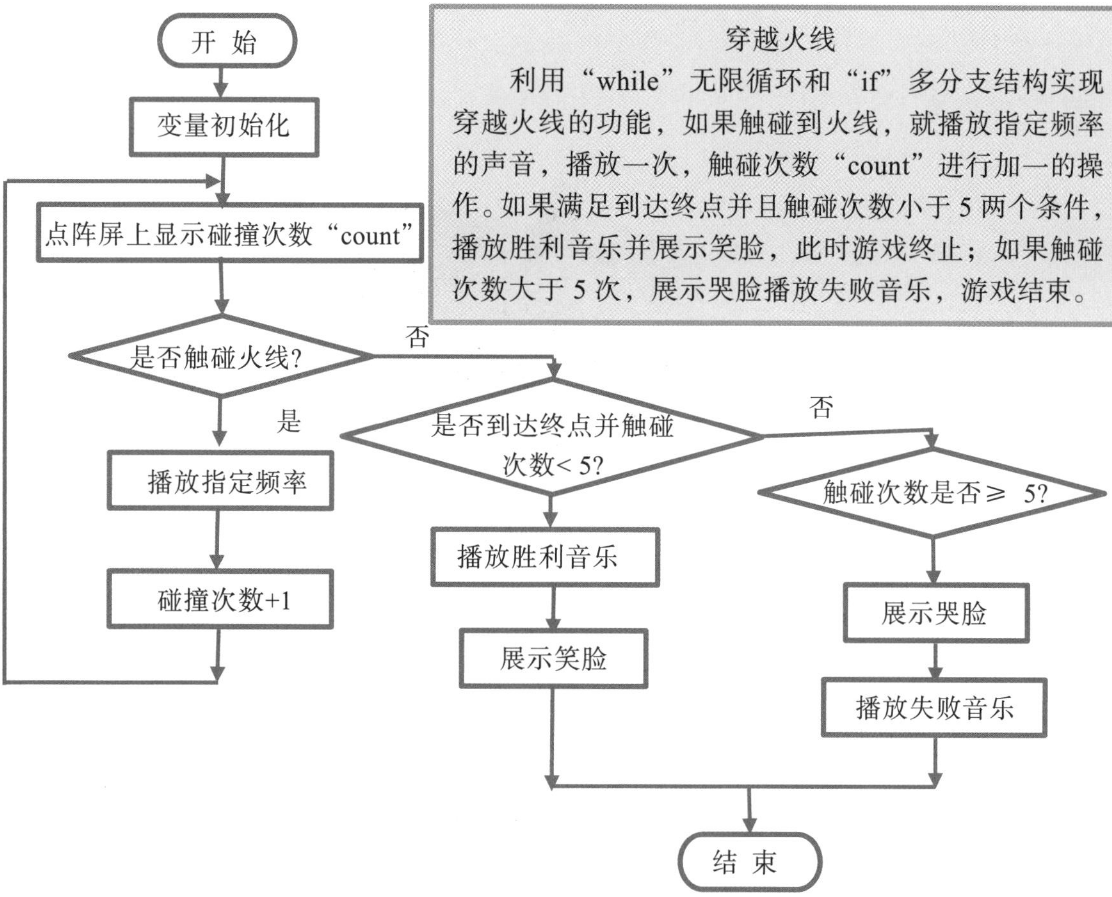

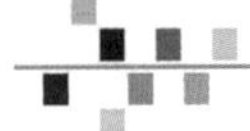

编程语法

"break" 语句

"break"语句打破了最小封闭"for"或"while"循环（跳出最近的循环）。当"break"语句出现在一个循环内时，通常和"if"搭配使用，表示在某种条件下跳出循环。当条件满足时，循环会立即终止，且程序流将继续执行紧接着循环的下一条语句。

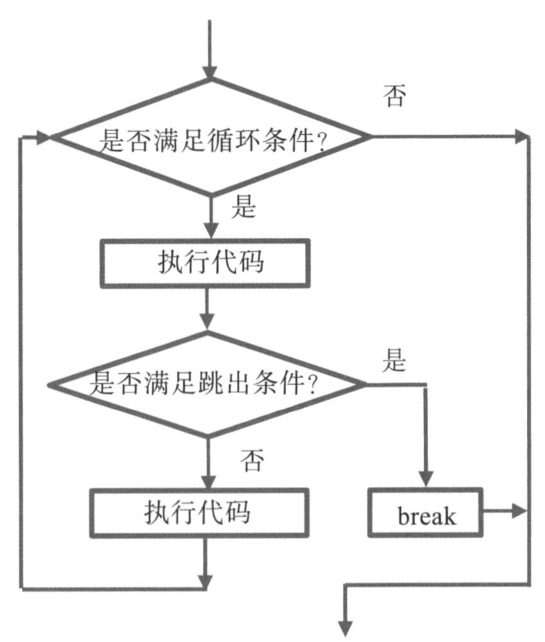

设计创造

同学们，让我们利用刚才所学的知识，设计穿越火线，并结合流程图编写程序吧！

硬件连接

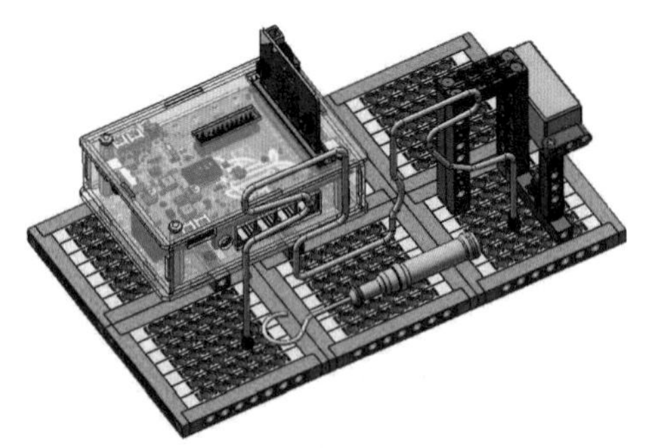

参考程序

```
# 穿越火线（磁力传感器放在 pin1，火线一端连接 3 V，另一端悬空，导电环连接 pin12）

from microbit import *
import music
counter = 0                                    # 变量初始化
```

```
while True:
    display.show(str(counter))
    if pin12.read_digital() == 1:          # 如果引脚 0 为高电平（即触碰到火线）
        music.play('C5:4')                 # 播放音符 C5:4
        counter = counter+1                # 音符每播放一次，变量加 1 计数
    # 否则读取引脚 1 号为低电平（即到达终点触碰到磁力传感器）且变量值<5
    elif pin1.read_digital() == 0 and counter < 5:
        music.play(music.POWER_UP)         # 播放内置音乐 POWER_UP
        display.show(Image.HAPPY)          # 显示屏上显示笑脸图案
        break                              # 满足条件后执行 break 退出循环
    elif counter >= 5:                     # 否则变量值大于等于 5
        display.show(Image.SAD)            # 显示屏上显示哭脸图案
        music.play(music.POWER_DOWN)       # 播放内置音乐 POWER_DOWN
        break                              # 跳出 while 循环
```

目标检测

同学们，学习完本节课，你们是否已经掌握了以下知识点？请回顾学习过程，自我检测一下吧!

- ☐ 序列的定义和基本数据类型。
- ☐ 列表的基本操作：定义列表，增加、删除、替换元素等。
- ☐ break 语句的作用及使用。

拓展提高:自定义音乐曲目

Python 中不仅有内置音乐，而且还支持自定义音乐曲目，下面让我们一起来定制自己的音乐旋律吧！

音乐是由音符（C、D、E、F、G、A、B）组成的，我们可以利用编程来播放一个音符或者一组音符，每个音符可以用字母加上八度音阶（见图 8.4）的数字形式表示，并且可以设定音符播放时长，可表示为音符[音阶][:时间]。例如，C5:4 指的是播放四拍八度音阶 5 的音符 C。

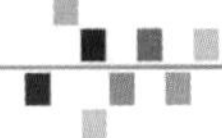

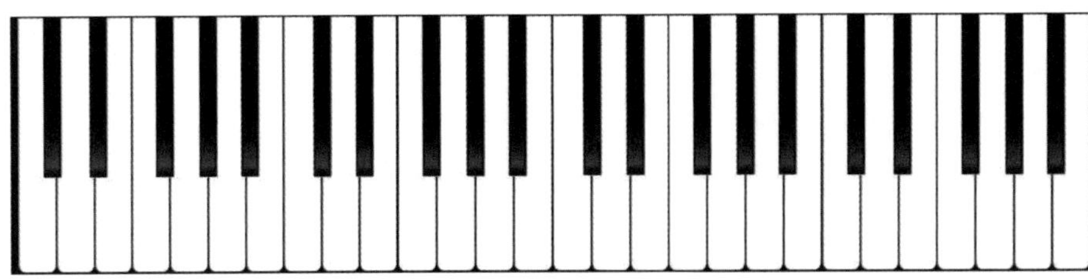

图 8.4 八度音阶

通过编写音符列表就可以创作旋律，制作自定义音乐曲目（以《两只老虎》为例）。

```
# 自定义歌曲《两只老虎》

from microbit import *
import music
tune = ['C4:4', 'D4:4', 'E4:4', 'C4:4','C4:4', 'D4:4', 'E4:4', 'C4:4',
'E4:4', 'F4:4','G4:8', 'E4:4', 'F4:4', 'G4:8',]
music.play(tune)
```

09 机器人语音

关键词：speech模块、热释电传感器

发现问题

同学们，你们见过智能语音机器人吗？当我们进入商场时，语音机器人会说出“你好，欢迎光临”的迎宾语。机器人是如何发现人们来到它身边的？我们如何利用 Micro:bit 来实现说话功能呢？让我们一起来探索答案吧！

搜索答案

当人们进入商场时，语音机器人检测到有人通行后会说出迎宾语，这是因为它利用了人体热释电传感器感知到有人在移动，然后调用 Micro:bit 内部语音库，通过 speech 模块，将预先设置的文本转换成语音，调节模块中的各种参数来合成机器人声音,这样我们就会拥有一个会说话的 Micro:bit 了，如图 9.1 所示。

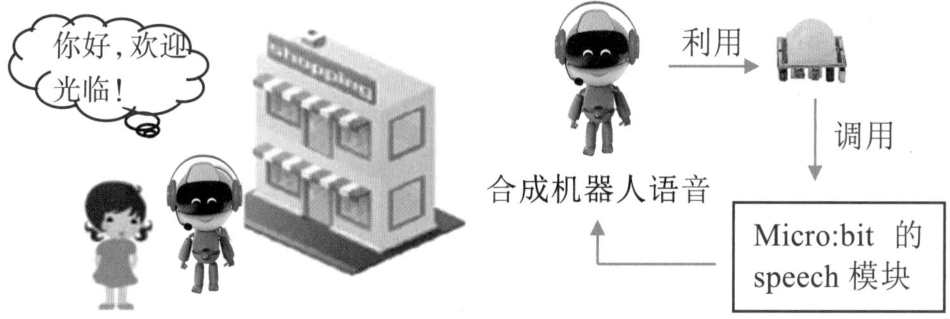

图 9.1 会说话的 Micro:bit

>>> 定义 <<<

热释电传感器：如图 9.2 所示，利用专用晶体[①]材料产生的热释电效应来检测人或动物发射的红外线而输出电信号的传感器，被广泛应用于检测报警、红外触发等领域。

---

① 晶体：固体的一种，其组成的原子、离子或分子按一定空间次序排列，具有规则的外形。

图 9.2 热释电传感器

小知识

热释电效应：一种物理现象。如图 9.3 所示，当某些晶体受热时，在晶体两端将会产生数量相等而符号相反的电荷，这种由于热变化而产生的电极化现象称为热释电效应。比如，人们熟知的碧玺（电气石）就具有热释电效应，在受热时就会产生电荷。

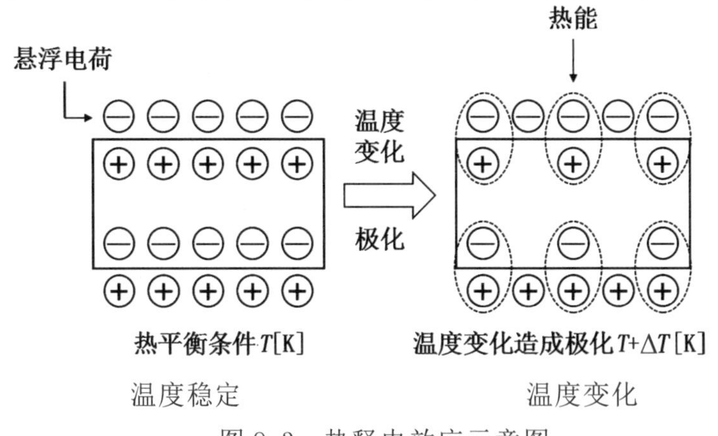

图 9.3 热释电效应示意图

结构

热释电传感器主要由菲涅尔透镜、热释电探头和接线端子组成，如图 9.4 所示。

- 菲涅尔透镜：用于聚焦，将光线汇聚到热释电探头上。
- 热释电探头：将人体发出的红外线转变为电信号。
- 接线端子：用于连接电源和对外传递人体、动物的运动信息。

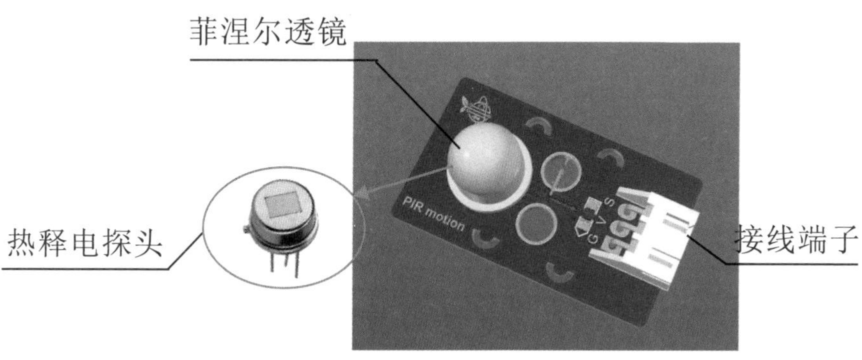

图 9.4 热释电传感器结构示意图

工作原理

我们周围的一切物体都在向外辐射电磁波①，这种辐射与物体的温度有关。人体都有恒定的体温，一般在 37℃左右，所以会辐射出波长是 10 μm 左右的电磁波，即红外线。通过菲涅尔透镜的聚焦作用，将传感器检测范围内的电磁波聚拢到热释电探头上，探头上方的滤光片能有效滤除波长 7~14 μm 以外的电磁波，当人的体温正常时，正好在滤光片的响应波长中，很好地避免了其他光线的干扰。一旦有人进入检测区域，探头内部的热释电晶体（如碳酸钡）就会产生电荷，将电信号传递出去，如图 9.5 所示。

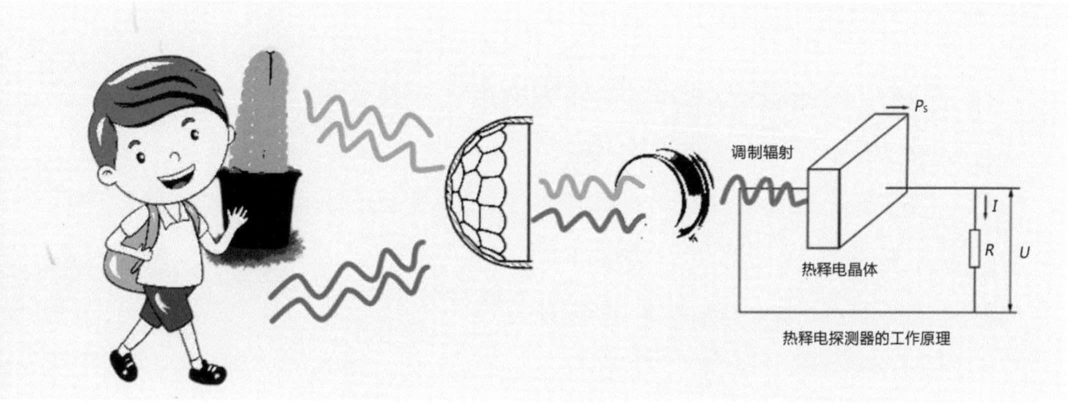

图 9.5 热释电传感器工作原理图

① 电磁波：由方向相同且互相垂直的电场与磁场在空间中衍生发射的振荡粒子波，是以波动的形式传播的电磁场，具有波粒二象性。它是能量的一种，凡是高于绝对零度（-273.15℃）的物体，都会释出电磁波。

思考应用

同学们，想一想，我们如何让 Micro:bit 发出语音？

1. 播放语音

参考程序

```
# 播放语音
from microbit import *
import speech                           # 导入 speech 模块
speech.say("I am a little robot")       # 播放语音
```

代码解析

在 Python 中，语音库提供了处理语音相关项目所需的所有功能，可以通过将“import speech”语句添加到程序开头的方式来导入语音库。调用“speech”模块中的 “say()”函数,在函数中写入要播放的语音文本，该代码的作用是将英文文本转换为语音。很遗憾，目前所发出的声音是半精准的，而且不支持中文发音。

声音的三要素

声音的特性由三个要素来描述，即响度、音调和音色。图 9.6 所示为声音三要素波形图。

•人耳对声音强弱的主观感觉称为响度，响度又称音量。响度跟声源的幅度以及人距离声源的远近有关。

•声音的高低称为音调。音调取决于声源振动的频率，音调跟发声体振动的频率相关：频率越大，音调越高；频率越小，音调越低。例如，do 的频率是 256 Hz，so 的频率是 384 Hz。

•音色是指不同的物体振动都有不同的特点。不同的发声体由于其材料、结构不同，则发出声音的音色也不同。例如，钢琴、小提琴和人发出的声音不一样，每一个人发出的声音也不一样。因此，可以把音色理解为声音的特征。

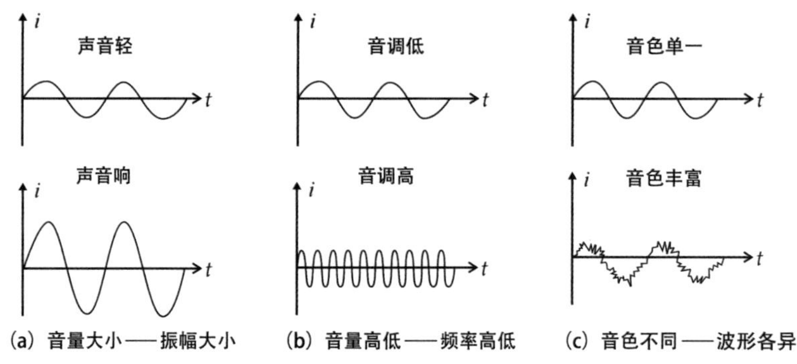

图 9.6　声音的三要素波形图

2. 改变语调

参考程序

```
# 改变语调
from microbit import *
import speech
# 设置参数值
speech.say("I am a little robot", pitch=60, speed=80, mouth=200, throat=125)
```

代码解析

首先导入“speech”模块，利用“speech.say()”函数，设置函数内的各种参数值，speech.say("I am a little robot",pitch=60, speed=80, mouth=200, throat=125)，“pitch”参数用来控制语音的音调；“speed”参数用来控制语音的音速；“mouth”参数用来控制嘴巴的开合度；“throat”参数用来控制喉咙的开度。通过设置各种参数值将文本转换成语音，合成创建机器人语音。

参数值设置参考

pitch:音调（默认值为 64）	**speed:音速**（默认值为 72）
· 0~30 不切实际的高	· 0~30 不切实际的快
· 30~50 高的	· 30~70 快的
· 50~70 正常	· 70~75 正常的
· 70~90 低的	· 75~100 慢的
· 90~255 非常低的	· 100~255 非常慢的

mouth（嘴巴）定义了发音的清晰程度，取值范围 0~255。数字越低，说话者就像闭着嘴巴说话；数字越高，听起来就像特别夸张的嘴巴动作发出来的声音。

throat（喉咙）定义了声调的松弛和紧张程度，取值范围 0~255。数字越低，说话者听起来就越放松；数字越高，语调就变得越紧张。

嘴和喉咙的开度值要依据所说内容通过实验调整设置，直到得到自己想要的结果为止。

3. “speech”模块包含的其他函数

speech.translate(words)　　将英文转换为音素字符串。

speech.sing(phonemes)　　用于唱出音素。

speech.pronounce(phonemes)　　使用音素来精确控制语音合成器的输出。

分析组成

同学们，让我们一起分析一下检测人流量的机器是由哪几部分组成的。

功能分析

检测人流量机器

利用“if”多分支结构和“while”无限循环结构来实现检测人流量的功能，“while”无限循环结构包含“if”多分支结构。如果有人进店且进店人数少于 10

人，语音机器人就会随机选择迎宾词播放来欢迎顾客；如果有人进店但进店人数大于 10 人，语音机器人就会播放不准进入的语音，显示屏上显示不准进入，否则会退出循环，如此重复。

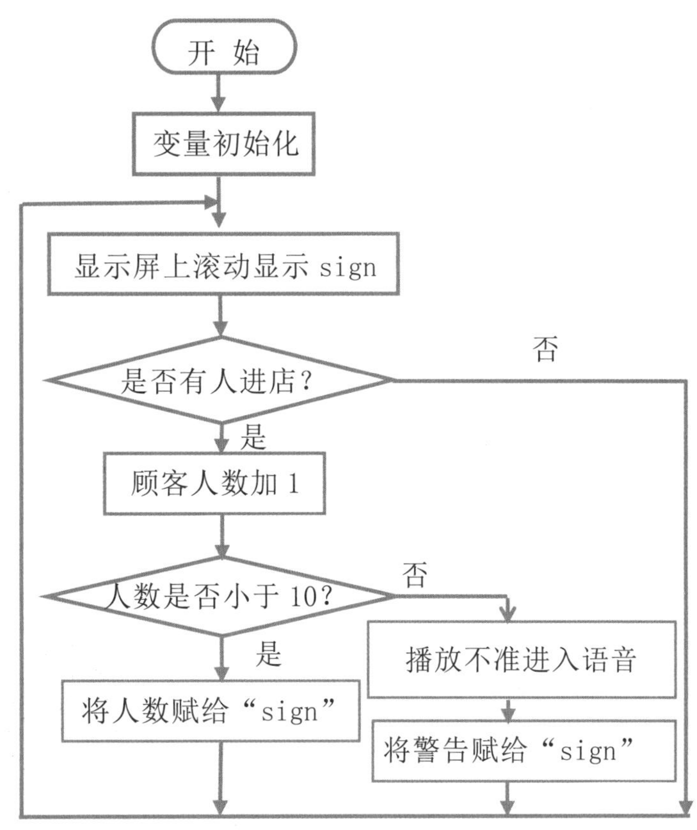

编程语法

print 函数：可以输出单个变量，也可以输出多个变量和字符串，语法结构如下：

```
print(value,…,sep='',end='\n')
```

· “value”参数：可以接受任意多个变量或者值。

· “sep”参数：“print”函数默认以空格隔开变量，可以通过“sep”参数进行设置分隔符。

· “end”参数：“print”函数输出之后总会换行，“end”参数的默认值为“'\n'”“'\n'”代表换行，可设置“end=""”不换行。

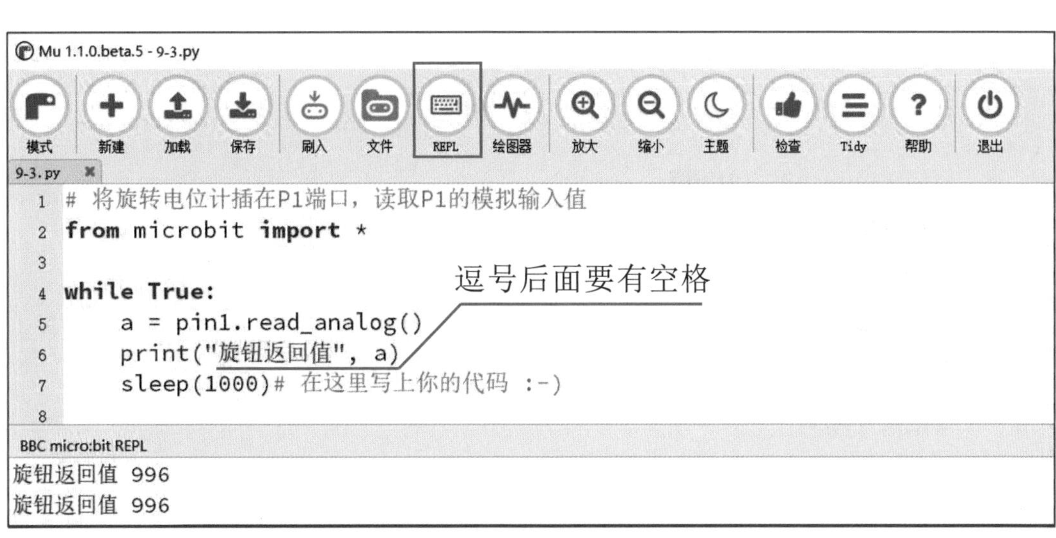

输出的结果可以通过 REPL(Read-Evaluate-Print-Loop)查看，操作方法如下：①将程序写在编辑区；②刷入 Micro:bit；③点击“REPL”按钮，此时进入交互调试模式；④按下 Micro:bit 上的重启按钮，即可查看“print()”函数的输出结果。

设计创造

同学们，让我们利用刚才所学的知识，设计人流量检测仪，并结合流程图编写程序吧！

硬件结构

参考程序

```
# 检测人流量，将人体热释电传感器插在 pin12 端口
from microbit import *
import random                          # 导入随机模块
import speech                          # 导入语音模块
sign= 0                                # 定义 sign 为显示屏所显示内容
customer = 0                           # 定义 customer 为到店人数
while True:
    display.scroll(str(sign))          # 屏幕上滚动显示到店人数或警告
    print(customer)                    # 输出进店顾客总人数
```

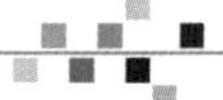

```
    if pin12.read_digital() == 1:       # 当有顾客进店时，读取引脚 12 为高电平
        customer = customer+1     # 满足条件顾客数量加 1
        if customer <= 10:             # 如果进店人数小于 10 人
            salutatory = ["welcome", "hello,customer", "enjoy your shopping"] # 创建欢迎词列表
            A = random.choice(salutatory)       # 随机选择欢迎词
            speech.say(A, pitch=64, speed=100, mouth=128, throat=128)  # 设置欢迎词的音高和语速等参数值
            sign = customer            # 将顾客人数赋值给 sign
            sleep(1000)
        else:                                # 否则当进店人数大于 10 人
            speech.say("No entry", pitch=64, speed=72, mouth=128, throat=128) # 设置不准进入的音高和语速等参数值
            sign = "No entry"         # 将 No entry 赋给 sign
```

目标检测

同学们，学习完本节课，你们是否已经掌握了以下知识点？请回顾学习过程，自我检测一下吧！

- [ ] “speech”模块中函数的使用及参数的设置。
- [ ] 人体热释电传感器的定义、结构及工作原理。
- [ ] “print()”函数的用法。
- [ ] “REPL”交互式编程。

拓展提高：交互式编程

交互式编程： 就是直接在终端中运行解释器，而不使用文件名的方式来执行文件。这种交互式的编程环境，我们将它称为“REPL”，即读取（Read）输入的内容，执行（Eval）用户输入的指令，打印（Print）执行结果，然后进行循环（Loop）。

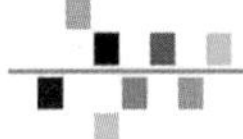

点击 MU 编辑器的“REPL”按钮，可以进入“REPL”模式，代码编辑器窗口下方会出现“REPL”的提示区和提示符，如下图所示。

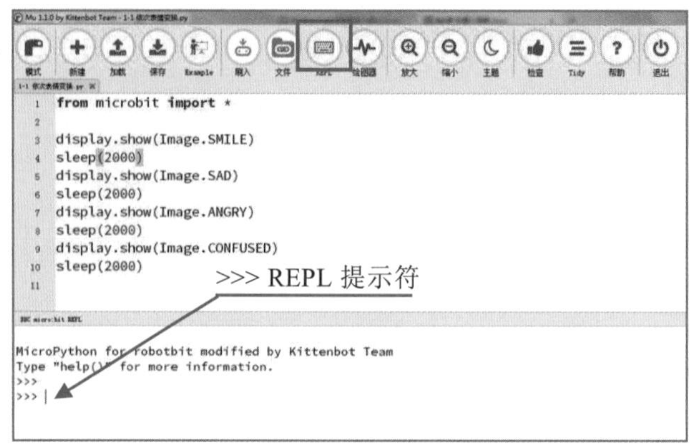

1. 利用“REPL”模式检查代码

在提示符后输入一行代码并按下回车键之后，代码会立刻被解读，然后被执行。可用于快速检测少量代码，保证代码正确。如果代码正确，提示区下一行会出现新的“>>>”；如果代码存在错误，提示区会显示代码错误信息。

2. 利用“REPL”模式打印执行结果

借助“print()”函数，按下“REPL”按钮，可在提示区显示程序运行结果。

2. 利用“REPL”模式获取帮助

在提示符后输入“help()”，按下回车键，可以了解关于某个指令的提示和使用技巧。例如，想要了解“display.show()”指令，我们可以输入“help(display.show) ”，然后按下回车键，提示区显示如下。

```
BBC micro:bit REPL

MicroPython for robotbit modified by Kittenbot Team
Type "help()" for more information.
>>>
>>> help(display.show)
Use show(x) to print the string or images 'x' to the display. Try show('Hi!').
Use show(s, i) to show string 's', one character at a time with a delay of
'i' milliseconds.
>>>
```

10 加速度计

关键词：加速度、三维坐标轴、元组

发现问题

穿戴设备是直接穿在身上，或是整合到用户的衣服或配件的一种便携式设备。以 Micro:bit 手表为例，除具有传统手表的功能以外，它可以帮助人们计步、辨别方向，而且为了节省电量，智能手表平时都是熄灭的，当你抬起手臂的时候，它会自动点亮，这么有趣的功能是怎么实现的呢？它是如何辨别手部抬起动作的呢？让我们一起来寻找答案吧！

搜索答案

在 Micro:bit 的背面，有一个 MMA8653 加速度传感器（见图 10.1），它可以测量 Micro:bit 所受的加速度，还可以检测 Micro:bit 的移动，也可以检测其他的动作，如摇动、倾斜以及自由落体。

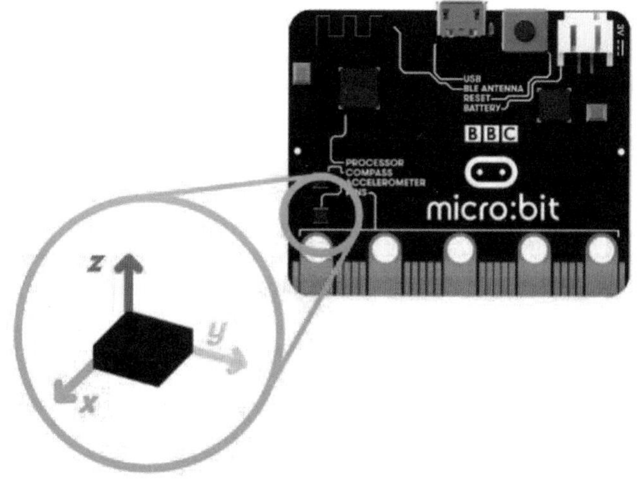

图 10.1 Micro:bit 上的加速度传感器

>>> 定　义 <<<

加速度传感器：一种能够测量加速度的传感器，通常由质量块、阻尼器、弹性元件、敏感元件和适调电路（见图 10.2）等部分组成。

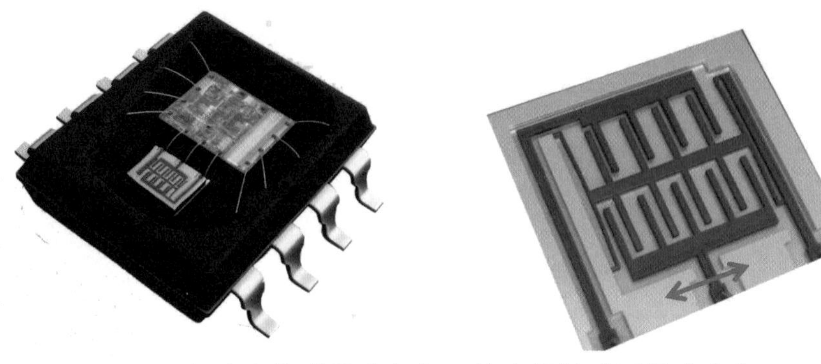

图 10.2 加速度传感器（左）及其内部敏感元件（右）

>>> 加速度 <<<

我们将小球在高处松开，让它做自由落体运动，你会发现，刚松开手的那一刹那，小球下落速度很慢，之后小球下落的速度越来越快，直到重重地砸在地上；当汽车司机踩下油门的时候，汽车的速度会增加，乘客会感受到来自座位的推力（见图 10.3）：这些运动都叫作加速运动。速度变化的快慢程度，我们可以用加速度来衡量。力是物体产生加速度的原因，物体受到外力的作用就产生加速度（即速度发生变化）。当物体做加速运动（如自由落体运动）时，加速度为正数；当物体做减速运动（如竖直上抛运动）时，加速度为负数。

图 10.3 生活中的加速运动

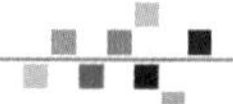

工作原理

在生活中，我们乘坐公交车时，用手抓住拉环，当汽车加速或减速时，身体会不自觉地向后或向前倾斜，这其实是人体由于惯性而产生的对变速运动的反应。与之类似，电容式加速度传感器基于电容原理的极距变化进行加速度的测量（见图 10.4），其中一个是固定电极，另一个是变化电极为弹性膜片。弹性膜片在外力作用下发生位移，使电容量发生变化，进而感知加速度的变化。

图 10.4 加速度传感器工作原理

思考应用

同学们，想一想，如何利用 Micro:bit 检测加速度？如何理解检测数值？

Micro:bit 主板上配备有一个加速度计，可以测量 x,y,z 轴的运动，左右移动为 x 轴，前后移动为 y 轴，上下移动为 z 轴，可以很好地检测 Micro:bit 在空间中的位置以及移动方向（见图 10.5）。每一根轴都有一种测量加速度的方法，返回一个正数或者负数，当读数为 0 的时候，在该轴方向是水平的。

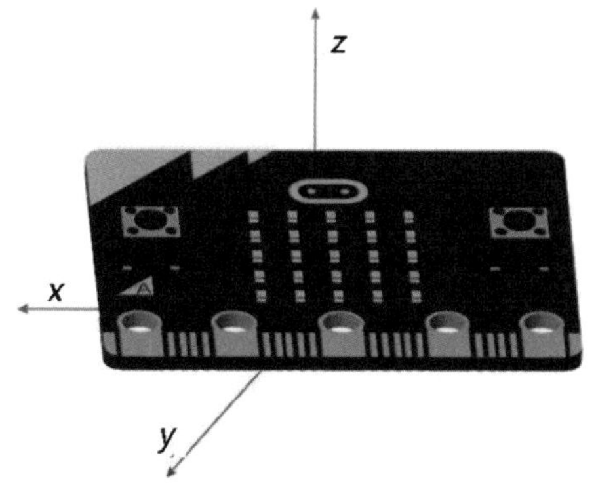

图 10.5 Micro:bit 的坐标轴定义

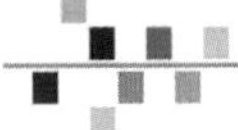

小知识

在地球上的物体，都会受到地球重力影响，产生重力加速度，这就是小球自由落体后，速度越来越快的原因。我们用 g 代表重力加速度，数值是 $g≈9.8\ \text{m/s}^2$。当使用 Micro:bit 加速度计时，可以得到以 mg 为单位的加速度值，1 000 mg = 1g。Micro:bit 的加速度计可以测量 $-2\ g$~$2\ g$ 的加速度。

1. 读取三个轴方向的加速度（方法一）

参考程序

```
# 测量 3 个坐标方向的加速度，返回值单位：mg
from microbit import *
while True:
    x = accelerometer.get_x()          # 检测 x 轴的加速度
    y = accelerometer.get_y()          # 检测 y 轴的加速度
    z = accelerometer.get_z()          # 检测 z 轴的加速度
    print("三轴加速度 x, y, z: ", x, y, z) # 在 REPL 打印出 x、y、z 轴的加速度值
    sleep(1000)
```

REPL 上显示的结果

```
BBC micro:bit REPL
三轴加速度x, y, z:  -16 0 -1024
三轴加速度x, y, z:  -12 0 -1048
三轴加速度x, y, z:  -28 0 -1032
三轴加速度x, y, z:  -20 0 -1016
```

代码解析

（1）accelerometer.get_x()

测量 x 轴的加速度，按钮 A 的方向为正方向，或者以 y 轴为轴心，顺时针转动都可以得到正整数的返回值。

（2）accelerometer.get_y()

测量 y 轴的加速度，金手指的方向为正方向，或者以 x 轴为轴心，将徽标抬起都可以得到正整数的返回值。

（3）accelerometer.get_z()

测量 z 轴的加速度，点阵屏的方向为正方向，将控

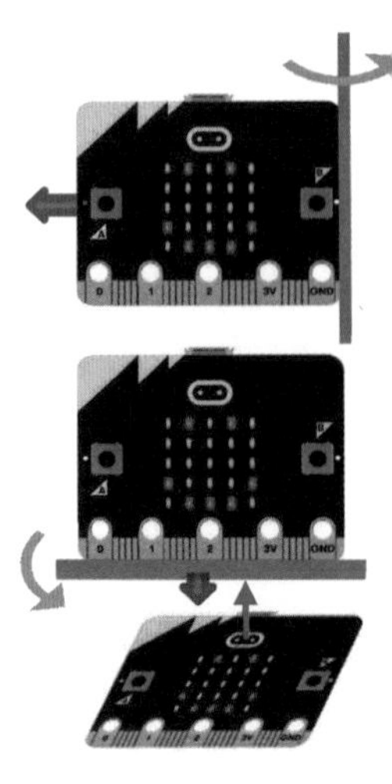

图 10.6 三轴加速度正方向

制板正面朝上平放在桌子上时，受到地球给的 - g 加速度。

2. 读取三个轴方向的加速度（方法二）

参考程序

```
# 测量 3 个坐标方向的加速度，返回值单位：mg
from microbit import *
while True:
    result = accelerometer.get_values()      # 检测出三轴加速度
    print(result)                            # 在 RSPL 打印出 x、y、z 轴的加速度值
    sleep(500)
```

REPL 上显示的结果

```
BBC micro:bit REPL
(-360, 68, -1000)
(-352, 72, -992)
(-356, 60, -976)
(-352, 64, -992)
(-360, 68, -984)
```

注意：这些返回值是以 mg 为单位的，要想得到以 m/s^2 为单位 的数值，需要经过换算：以 x 轴得到的返回值为例：$-360 \div 1000 \times 9.8 = -3.528\ m/s^2$

说明此刻控制板正在减速朝着按钮 B 的方向运动。

代码解析

使用“accelerater.get_values()”函数也可以检测出三轴加速度，返回值是一组放在小括号里，并且用逗号隔开的三元组，分别代表 x 轴、y 轴和 z 轴的加速度值。

注意：加速度传感器返回的数值，只能用于范围判断或者趋势判断，不适用于精度要求很高的应用。

元 组

元组是 Python 中的一组序列结构，与列表类似，也是由一系列按特定顺序排列的元素组成，但是元组内的元素一旦被分配就无法更改，因此元组也可以称为不可变列表。在形式上，元组的所有元素都放在一对“( )”里，两个相邻的元素用“,”分割。在内容上，可以将整数、浮点数（小数）、字符串、列表、元组等任何类型的内容放到元组中，并且在同一元组中，元素的数据类型可以不同。

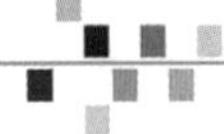

3. 手势识别

Micro:bit 有一个非常有趣的功能，它可以利用加速度传感器检测 Micro:bit 的姿态和运动，可识别手势和重力相关的高级姿态如下。

up（向上），　down（向下）, left（向左）, right（向右）,
face up（面朝上）, face down（面朝下）, freefall（自由落体）,
3g（3 倍重力）, 6g（6 倍重力）, 8g（8 倍重力）, shake（振动）

参考程序

```
# 懒惰的 Micro:bit
from microbit import *
while True:
    gesture = accelerometer.current_gesture()       # 检测 Micro:bit 的当前姿态
    print(gesture)                                  # 在 REPL 打印出 Micro:bit 的当前姿态
    if gesture == "face up":                        # 如果 Micro:bit 的当前姿态是面朝上
        display.show(Image.HAPPY)                   # 在 LED 显示屏显示开心笑脸
    else:                                           # 否则
        display.show(Image.SAD)                     # 在 LED 显示屏显示伤心
```

代码解析

检测当前姿态，并显示在 REPL 里面，如果是躺着（面朝上）就开心，让它站起来（向上）就伤心，并且可以实时在 REPL 里面看当前姿态。

4. 其他与手势相关的函数

（1） accelerometer.current_gesture()

返回当前手势的名称，返回值是字符串。

（2） accelerometer.is_gesture(name)

当前是否正在发生指定名称的手势，返回“True”或“False”以表明自上次调用后指定的手势是否曾处于活动状态。

（3）accelerometer.was_gesture(name)

是否发生过指定名称的手势，返回“True”或“False”以表明自上次调用后指定的手势是否曾处于活动状态。

（4） accelerometer.get_gestures()

获取发生过的手势，返回历史姿态的原始数据，最新记录置于最后。同时在返回之前清除上次手势记录。

分析组成

同学们，宇航员为克服失重环境下的眩晕感，会使用三维滚环进行日常训练。三维滚环由内中外三个转环组成，三个转轴互相垂直，因此形成空间中的三个旋转自由度，并且内环及座椅的转动无法自行停止，只有将中环停止后，内环和外环才在重力的作用下慢慢地停止晃动，本课将利用三维滚环设计一个小游戏。

结构组成

游戏功能设定

程序上传后，在 REPL 显示当前三轴加速度值，如果控制板足够平衡，就触发“START”，开始游戏。在 10 s 的时间内，如果将 Micro:bit 控制板调整到预设姿态，就在控制板上显示“√”并播放胜利的音乐（此时如果想再玩一次游戏，还需要将控制板调整至平衡状态），否则就一直显示“×”，提示控制板姿态错误；如果时间超过 10 s 没能摆放到预设姿态，游戏超时，播放“失败”

音乐，显示“GAME OVER”。

本游戏可以 2 人一组，一人设定预设姿态，一人猜测并尝试摆到位。

功能分析

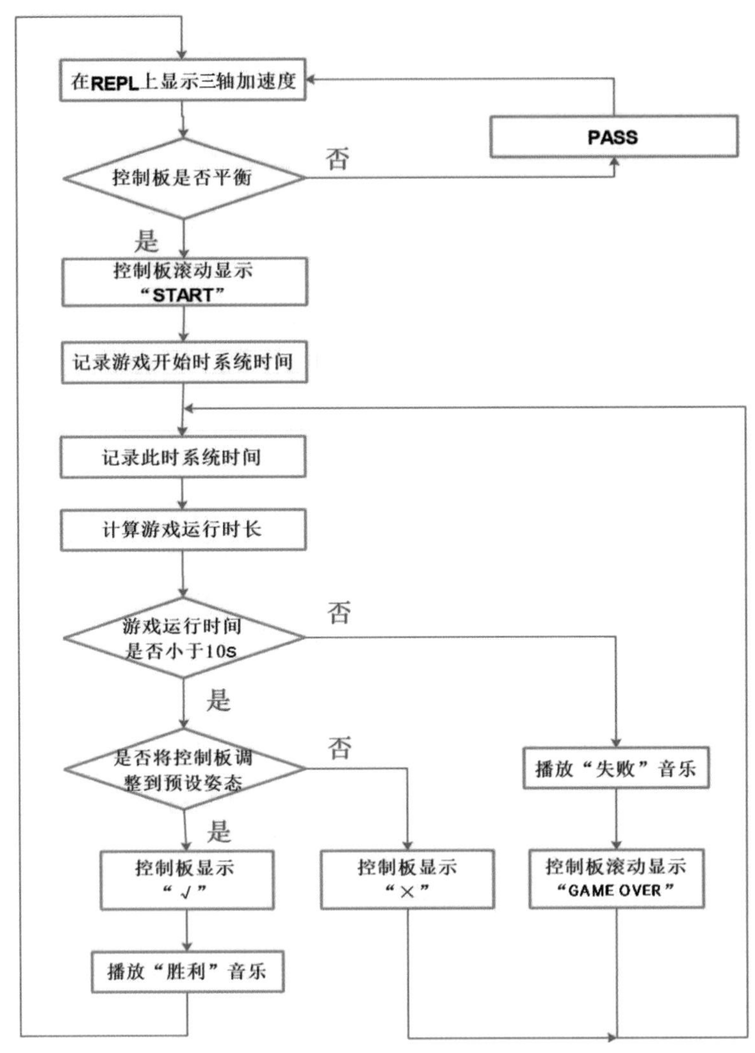

编程语法

“pass”语句

“pass”是空语句，是为了保持程序结构的完整性，不做任何事情，一般用作占位语句使用，将来想到可以做什么的时候，再用具体内容替换掉“pass”，语法格式如下。

```
pass
```

设计创造

同学们，让我们利用刚才所学的知识，设计三维滚环，并结合流程图编写程序吧！

硬件连接

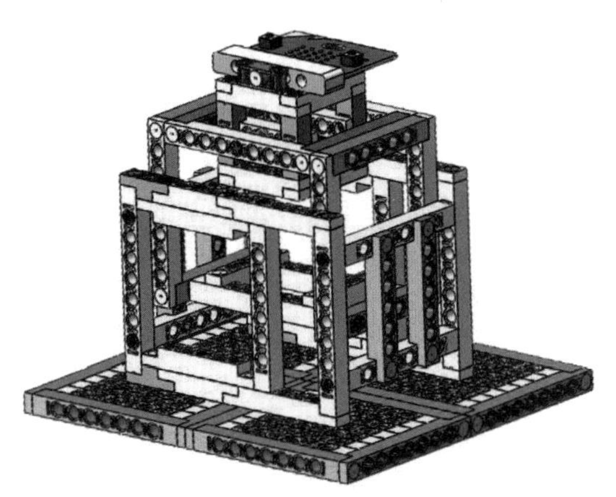

参考程序

```
# 三维滚环游戏
import utime                                # 导入时间模块
from microbit import *
import music                                # 导入音乐模块
while True:
    x = accelerometer.get_x()          # 检测 x 轴的加速度
    y = accelerometer.get_y()          # 检测 y 轴的加速度
    z = accelerometer.get_z()          # 检测 z 轴的加速度
    print(x, y, z)                     # 在 REPL 打印出 x、y、z 轴的加速度值
    if -30 < x <30 & -30 < y < 30:     # 如果 x 轴和 y 轴的加速度值在－30~30 的
                                         范围内
        display.scroll("START")        # LED 显示屏上显示 START
        t0 = utime.ticks_ms()          # 记录游戏开始时的系统时间
        while True:
```

```
            t1 = utime.ticks_ms()   # 记录此时的系统时间
            time = t1 - t0           # 计算游戏运行时长
            if time < 10000:         # 如果游戏时间在 10 s 内
                if accelerometer.is_gesture("up"):    # 如果检测到当前姿态
                                                        为面朝上
                    display.show(Image.YES)      # LED 显示屏上显示√图像
                    music.play(music.JUMP_UP)  # 播放 JUMP_UP 音乐
                    break
                else:                                  # 否则
                    display.show(Image.NO)     # LED 显示屏上显示×图像
            else:                      # 10 秒以外
                music.play(music.JUMP_DOWN,wait=False)   #在后台播放音乐

                display.scroll("GAME OVER")   # LED 显示屏上滚动显示
                                                  GAME OVER
    else:                                 # 控制板不平衡
        pass                             # 占位空语句
```

目标检测

同学们，学习完本节课，你们是否已经掌握了以下知识点？请回顾学习过程，自我检测一下吧！

- ☐ 加速度、加速度传感器的定义和工作原理。
- ☐ 三个轴方向加速度值的读取检测。
- ☐ “pass”语句的作用及使用。

拓展提高：utime 时间库

utime 库提供获取时间和日期、测量时间间隔、延时等函数。

1. utime.localtime([secs])

从初始时间的秒转换成元组：（年、月、日、时、分、秒、星期、yearday），

如果“secs”是空或者是“None”，那么使用当前时间。月是 1~12 月，日是 1~31，小时是 0~23，分钟是 0~59，秒是 0~59，星期是 0~6（代表周一到周日），yearday 是 1~366。

```
>>> import utime
>>> utime.localtime(0)
(2000, 1, 1, 0, 0, 0, 5, 1)
>>> utime.localtime()
(2015, 1, 1, 0, 0, 0, 3, 1)
>>>
```

2. utime.sleep(seconds)

休眠指定的时间（秒），可以使用“sleep_ms()”和“sleep_us()”函数，参数都不能小于 0。

“utime.sleep_ms(ms)”延时指定为毫秒。

“utime.sleep_us(us)”延时指定为微秒。

3. utime.ticks

“utime.ticks_ms(ms)”返回不断递增的毫秒计时器，在某些值之后会重新计数。

“utime.ticks_us(us)”返回不断递增的微秒计时器。

4. utime.time

“utime.time()”函数表示返回从开始时间的秒数。

11 电子罗盘

关键词：电子罗盘、磁场传感器、算术运算符

发现问题

指南针，又称司南，是中国古代四大发明之一，它利用磁针在天然地磁场的作用下指向地理南极这一性能辨别方向。随着科技的进步，有一种指南针可以将检测到的地球磁场转化为电信号，传递给控制器，这就是电子指南针。它是如何工作的呢？让我们一起来寻找答案吧！

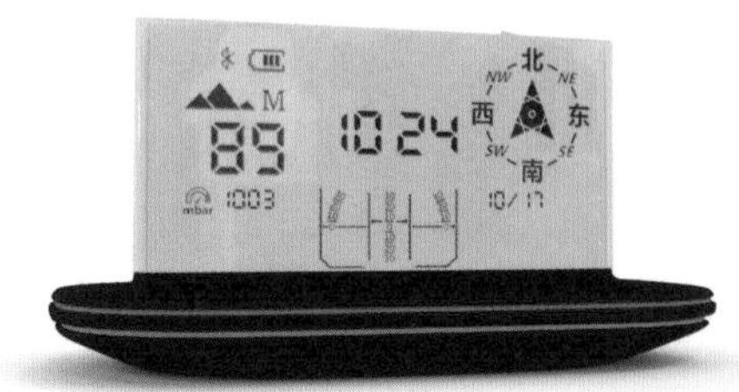

搜索答案

在 Micro:bit 的背面，有一个 MAG3110 三轴磁场传感器（也称电子罗盘），如图 11.1 所示，可以判断磁场方向、磁场强度，如果配合加速度传感器校正，它可以作为金属探测器，还可以作为指南针。

图 11.1　Micro:bit 上的磁场传感器

定　义

磁场传感器：一种可以将各种磁场及其变化的量转变成电信号输出的装置，如图 11.2 所示，其作为导航仪器或姿态传感器已被广泛应用。

图 11.2　磁场传感器

地球磁场模型

磁场模型是研究地磁导航技术的基础：地球本身具有磁性，所以地球和近地空间之间存在着磁场，叫作地磁场。其磁场大小和方向随地点而异。如图 11.3 所示，地球的磁场类似于条形磁体，由磁北极指向磁南极。它的磁南极大致指向地理北极附近，磁北极大致指向地理南极附近，通常它们之间有 11°左右的夹角。磁力线分布特点是赤道附近磁场的方向是水平的，两极附近则与地表垂直，所以在北半球磁场方向倾斜指向地面。地球的磁场强度在赤道处最弱有 30 000 μT[①]，两极处最强有 70 000 μT。

图 11.3 地球磁场模型

① 特斯拉：物理单位，符号为 T，是磁通量密度或磁感应强度的国际单位制导出单位。$1\ T = 1\ 000\ mT = 10^6\ \mu T$ 微特斯拉。

工作原理

地磁场是一个矢量（既有大小，又有方向的物理量），对于一个固定的地点来说，这个矢量可以被分解为两个与当地水平面平行的分量（H_X和H_y）和一个与当地水平面垂直的分量（H_Z）。如果保持磁场传感器和当地的水平面平行，那么磁场传感器的三个轴就和这三个分量对应起来。对水平方向的两个分量来说，它们的矢量和总是指向磁北的。磁场传感器中的航向角（Azimuth）就是当前方向和磁北的夹角。由于磁场传感器保持水平，只需要用水平方向两轴（通常为 x 轴和 y 轴）的检测数据就可以计算出航向角（见图 11.4）。当罗盘水平旋转的时候，航向角在 0~360°变化。

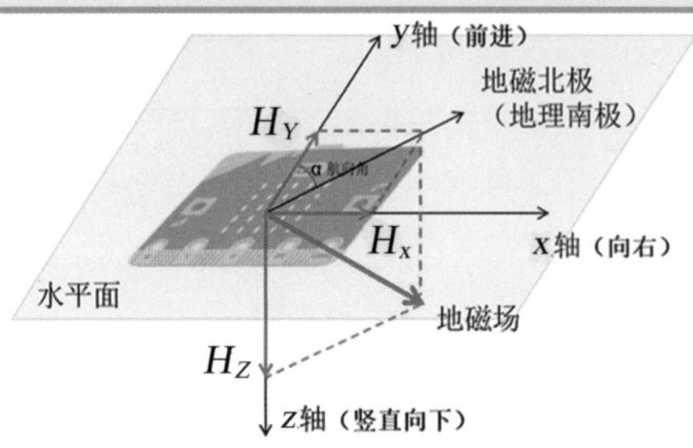

图 11.4 磁场传感器工作原理

思考应用

同学们，想一想，如何使用 Micro:bit 测量磁场、辨别方向？使用过程中要注意什么？

1. 校准电子罗盘

由于电子罗盘的使用环境存在着磁干扰（由电子设备和磁性物质产生）和地理误差（由于地磁极点和地理极点不重合产生）需要通过校正，对干扰进行算法上的滤除，使航向角更接近真实。

参考程序

```
# 运行电子罗盘校准程序
from microbit import *
compass.calibrate()
```

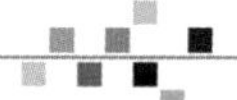

代码解析

校准电子罗盘的过程中将导致程序暂停，直到校准完成。校准程序会运行一个小游戏——点亮所有 LED 灯。首先远离带有磁性的物质，输入校准程序后，用户会看到一条滚动指引信息“TILT TO FILL SCREEN”（倾斜直到布满屏幕），等屏幕出现一个跳动的小红点，然后用户需要旋转 Micro:bit 直到点亮所有 LED。校准结束后，屏幕将显示一个笑脸图案，然后开始运行后面的程序。校准过后，修正参数系统会自动保留，只要电源不断，下次运行时无须校准。在校准过程中，断电会破坏罗盘的精准性，需要重新校准。

2. 其他与罗盘校准相关的函数

（1）　compass.is_calibrate（）

若电子罗盘被成功校准，返回“True”，否则返回“False”。

（2）　compass.clear_calibrate()

清除校正参数，初始化至未校准状态。

3. 测量三坐标方向的地磁强度

参考程序

```
# 测量三轴的地磁场强度
from microbit import *
while True:
    x = compass.get_x()
    y = compass.get_y()
    z = compass.get_z()
    print("三轴地磁场强度 x，y，z：", x, y, z)
    sleep(1000)
```

REPL 上显示的结果

```
BBC micro:bit REPL
三轴地磁场强度x，y，z： -485 -26173 35225
三轴地磁场强度x，y，z： -35 -40273 23975
三轴地磁场强度x，y，z： 8665 -39523 22925
三轴地磁场强度x，y，z： 8365 -37873 25775
```

代码解析

使用“compass.get_x()”函数可以检测 x 轴上的磁力强度，返回值是正整数或负整数，单位是纳特斯拉（nT）。正数表示磁场方向与按钮 A 方向一致，负数表示磁场方向与按钮 B 方向一致。注意：使用时让 Micro:bit 保持水平状态。

4. 测量航向角

参考程序

```
# 显示航向角
from microbit import *
compass.calibrate()                    # 校准罗盘
while True:
    Azimuth = compass.heading()        # 读取电子罗盘所处方向值并赋值给 Azimuth
    print("航向角：", Azimuth)          # 在提示区打印航向角
    sleep(1000)
```

REPL 上显示的结果

```
BBC micro:bit REPL
航向角： 190
航向角： 190
航向角： 192
航向角： 190
```

代码解析

使用“compass.heading()”函数，程序内部可以根据三个轴反馈的地磁场强度计算出电子罗盘当前所处的方向，表示为 0~360°的整数（见图 11.5），顺时针方向，正北读数为 0。如果电子罗盘未经校准，该函数会反馈“-1004”，并调用“calibrate()”函数。

图 11.5 计算航向角

5. 测量周围磁场大小

参考程序

```
# 显示周围磁场强度
from microbit import *
while True:
    A=compass.get_field_strength()     # 读取控制板周围磁场大小赋值给 A
    print(A)                           # 在提示区打印控制板周围磁场大小的读数
    sleep(1000)
```

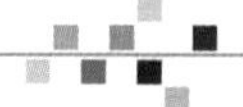

REPL 上显示的结果

BBC micro:bit REPL

```
28499
27550
2018767
```

将磁铁靠近时，可以产生强大的磁场

代码解析

使用“compass.get_field_strength()”函数可以反馈控制板周围磁场大小（单位：μT）。利用这个功能可以检测是否有磁性物质靠近。

分析组成

同学们，请分析一下电子指南针是由什么部件组成的，具备什么功能。

结构分析

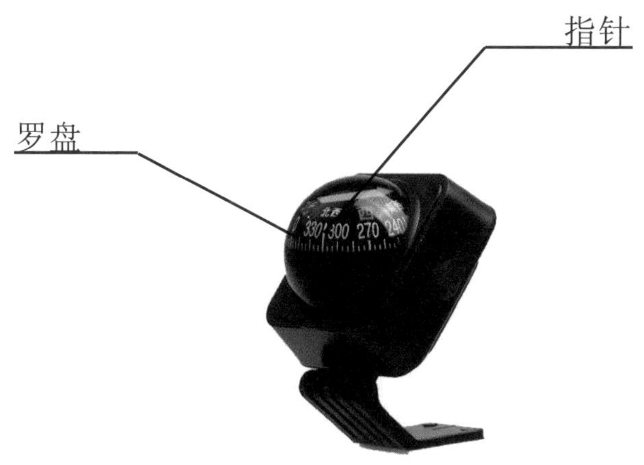

功能分析

电子指南针

利用“if”语句和“while”无限循环结构来实现指南针的功能。利用“if”循环结构来判断按钮 A 是否被按下，如果（在程序上传的过程中）按钮 A 被按下，则执行校准罗盘的操作；未被按下，则直接进入指南针功能。

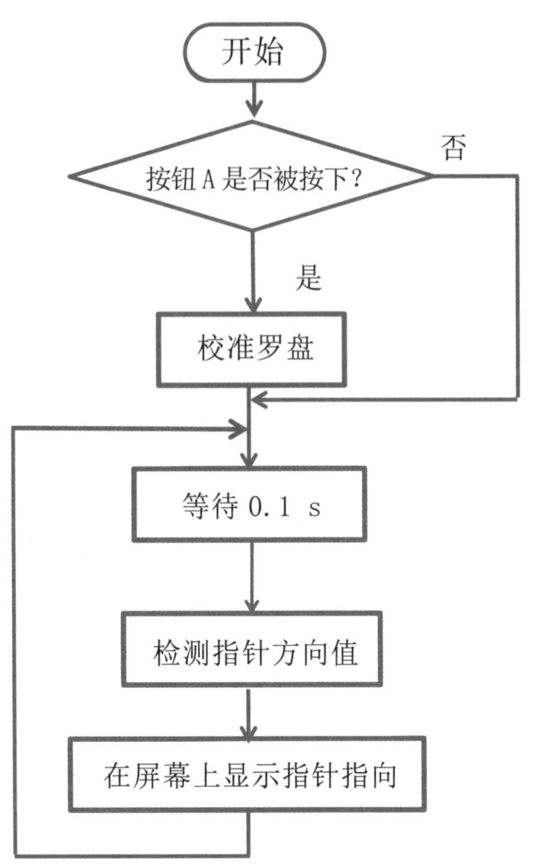

编程语法

算术运算符即算术运算符号，是完成基本的算术运算符号，就是用来处理四则运算的符号，如表 11.1 所示（假设变量 *A* 为 10，变量 *B* 为 21）。

表 11.1 运算符的运用

运算符	作 用	实例
+	把两个操作数相加	*A*+*B* 得 31
-	第一个操作数减去第二个操作数	*A*-*B* 得-11
*	把两个操作数相乘	*A**B* 得 210
/	除法	*B*/*A* 得 2.1
%	取模运算符，整除后的余数	*B*%*A* 得 1
//	去整除，即返回商的整数部分	*B*//*A* 得 2
**	幂运算	*A***2 得 100，即 A^2

设计创造

同学们，让我们利用刚才所学的知识，设计电子罗盘，并结合流程图编写程序吧！

硬件连接

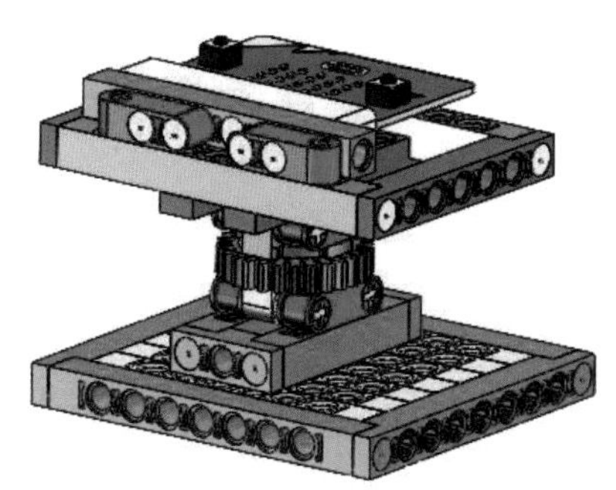

参考程序

```
# 指南针
from microbit import *
if button_a.is_pressed():                   # 如果按钮 A 被按下
    compass.calibrate()                     # 执行校准罗盘的操作
while True:
    sleep(100)                              # 等待 0.1 s
    index=((compass.handing()+22.5) // 45) % 8        # 计算指针所处方向
    display.show(Image.ALL_ARROWS[-int（index）)      # 在屏幕上显示指针指向
''' 在程序上电时，按住按钮 A，可以重新校正传感器；
22.5 是偏差校正角度，将航向角校正之后除以 45 表示每 45°调整一次指针方向；
对 8 取模是为了换算成箭头图案列表的索引号 '''
```

目标检测

同学们，学习完本节课，你们是否已经掌握了以下知识点？请回顾学习过程，自我检测一下吧！

- [ ] 掌握磁场传感器的定义及工作原理。
- [ ] 理解并掌握磁场传感器的校准和读取磁场强度。
- [ ] 理解电子罗盘中航向角的概念。

拓展提高:地磁场的形成

很早以前人们就发现，将一根小磁针悬挂起来就可以指示南北方向，所以人们推导出了一个结论，即地球也是一颗巨大的磁体，那么地球的磁场是如何形成的呢?

科学家经过不断研究，得出了具有代表性的“发电机理论”（见图 11.6），即地球的内部存在电流。通过研究地球的内部发现，地核是由铁、镍等磁性物质组成的，当这些物质在磁场中运动时，就会像发电机一样产生电流，产生的电流会使磁场加强，磁性物质与磁场的相互作用，使磁场不断加强，最终达到平衡，也就形成了现在的地磁场。当然这只是一种假设，关于地球磁场的来源仍然是地理界的一个谜题。

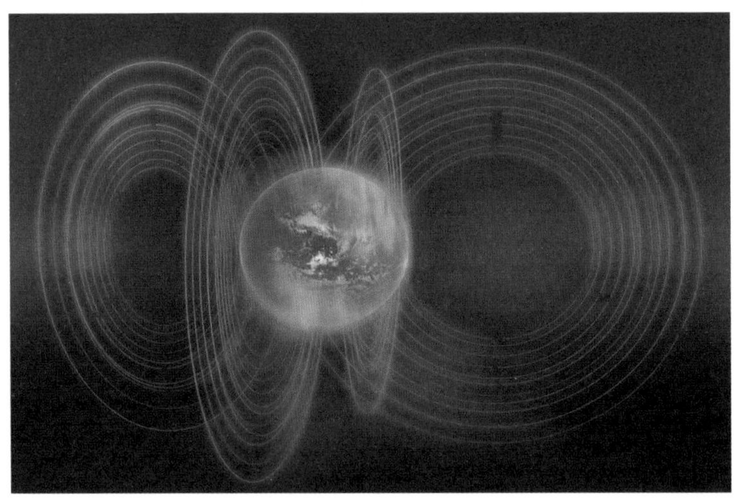

图 11.6 地磁场形成假说

12 文件系统的使用

关键词：存储器、文件系统

发现问题

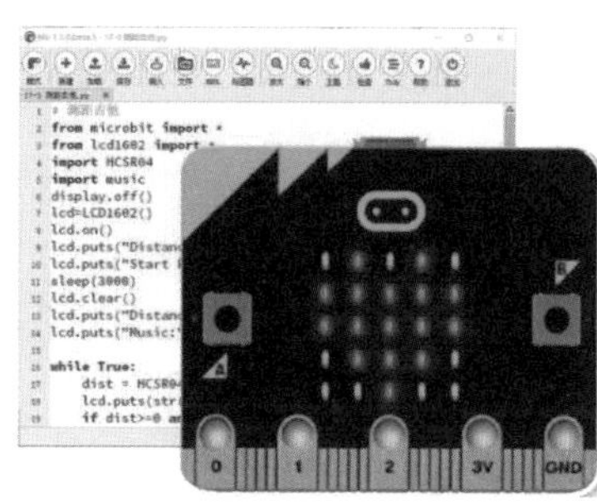

同学们，经过这段时间的学习，大家已经基本掌握了 Micro:bit 的使用方法和 Python 的编程方式，那大家知道我们编写的这些程序都存储到哪里？为什么每次上电之后 Micro:bit 还能记得之前的程序？让我们一起来寻找答案吧！

搜索答案

用户在 MU 中编写的程序代码，在刷入 Micro:bit 时，转化成十六进制代码，以文本格式保存在控制器内的存储器中（见图 12.1）。

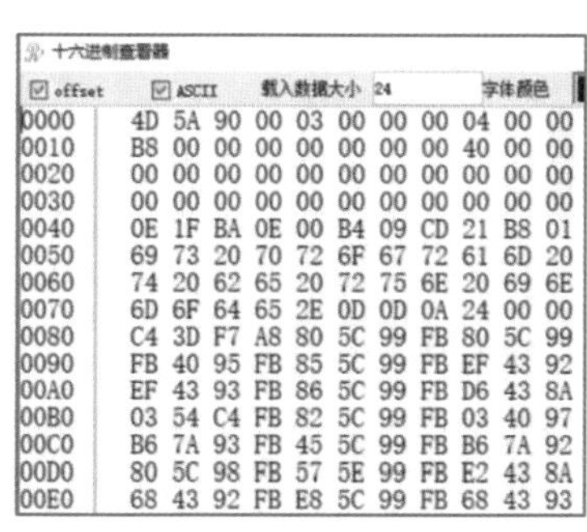

图 12.1 Micro：bit 控制器内部存储器

定 义

存储器（Memory）：计算机系统中的记忆设备，用来存放程序和数据，如图 12.2 所示。计算机中的全部信息，包括输入的原始数据、计算机程序、中间运行结果和最终运行结果都保存在存储器中。它根据控制器指定的位置存入和取出信息。

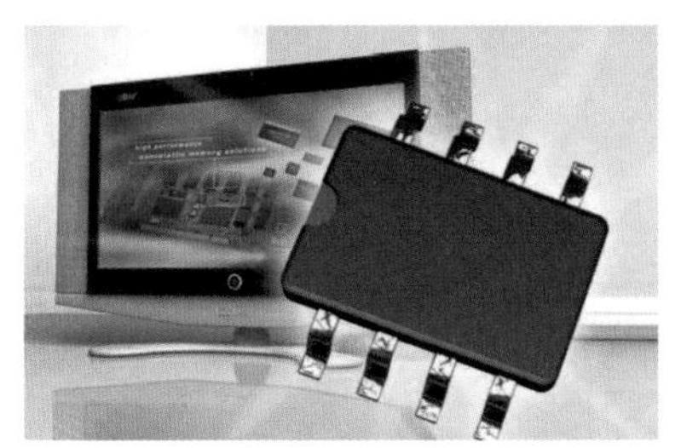

图 12.2 存储器

>>> 小知识 <<<

存储器的分类

按照控制器是否可以直接读取存储数据分为内部存储器和外部存储器，如个人计算机中的内存条和手机中的运行内存都属于内部存储器（见图 12.3），可以由控制器直接读取数据，而计算机的硬盘和 U 盘属于外部存储器（见图 12.4）。

按照用途可以分为**程序存储器和数据存储器**（见图 12.5）。程序存储器用于存储用户程序，具有掉电后继续保存的功能，如计算机中的 BIOSROM、Micro:bit 中的 Flash；数据存储器用于存储计算机在运行过程中产生的各种数据和中间结果、变量和传感器返回值等，掉电后存储的数据也将随之消失，如计算机中的缓存和 Micro:bit 中的静态 RAM。

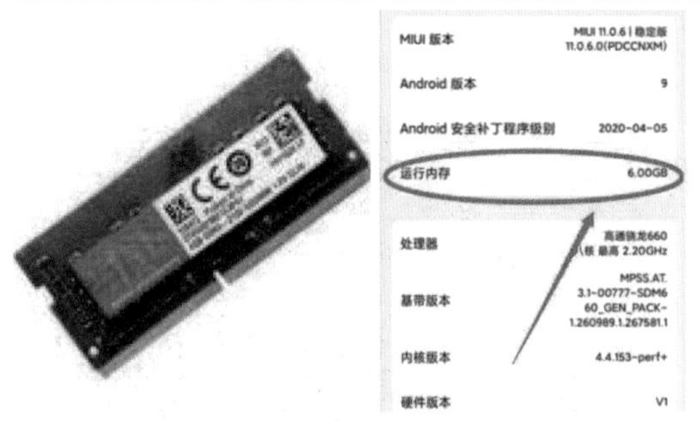

图 12.3 内部存储器：内存条、运行内存

图 12.4 外部存储器：硬盘、U 盘

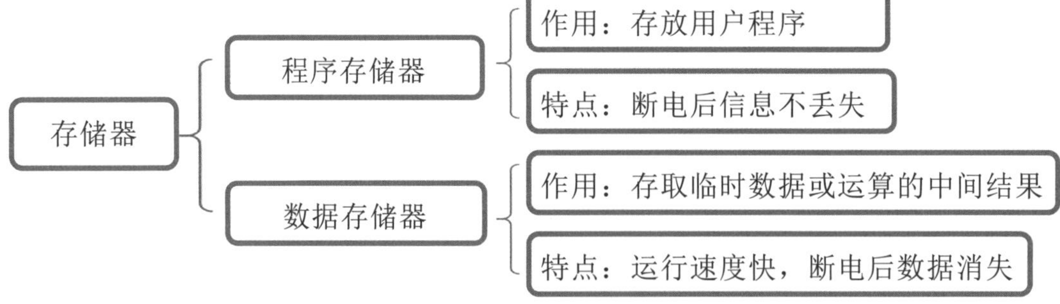

图 12.5 存储器按用途分类

文件系统

Micro:bit V2 使用的处理器芯片是 nRF52833，它包含一个 512 kB 的程序存储器（Flash）和 128 kB 数据存储器（SRAM），如图 12.6 所示。整个 Flash 存储器可以划分为 3 个区域：固件区、文件系统区和用户程序区。

固件区：最大的区域，存放 Micro:bit 上各个设备的驱动。

文件系统区：占 30 kB 左右，能够保存文件、图像和数据等。

用户程序区：存放用户编写的程序。

使用 Mu 编写 Python 程序的时候，编译器将固件和用户程序合并到一个文件中，统称为“main.py”。下载时，会先清除 Flash 中以前的全部数据；下载后，Flash 中只有 Python 固件和用户程序，文件系统区此时是空白的，里面没有任何文件。由于用户程序存储在 Flash 里面，所以掉电后会继续保存。

处理器包含 64 MHz 32 位 ARM Cortex-M4CPU、512kB 闪存（Flash）、128 kB 静态 RAM。

图 12.6 Micro:bit 处理器参数

思考应用

同学们，想一想，文件系统有什么用？我们如何使用文件系统？

Micro:bit 上的 Python 提供了一个平面文件系统，没有目录层次结构的概念（即用户无法在存储根目录下面创建文件夹），文件系统只是命名文件的列表，用户可以在文件系统中创建带有任意扩展名[①]的文件。

① 扩展名：操作系统用来标记文件类型的一种机制。通常来说，扩展名是跟在主文件名后面，由一个分隔符分隔。

1. 在文件系统中创建文件

参考程序

```
# 在 Micro:bit 的 Flash 中创建 pressure.txt
with open('pressure.txt',' w') as AP:
AP.write('local air pressure')
```

代码解析

利用“with open() as”函数创建并打开了一个名为“pressure.txt”的文本文档，打开模式是“w”（只写模式），在文档里面写了一句话“local air pressure”。

使用“with open() as”函数的语法格式如下：

```
with open(“文件名”, 模式) as 文件对象
    文件对象.方法()
```

文件名：要创建或打开的文件名称，需要使用单引号或双引号括起来，如果同名文件在 Flash 中已经存在，这个函数就会覆盖原有函数的内容。

模式：r—— 以只读模式打开文件。

w—— 以只写模式打开文件

b—— 表示二进制模式（用于读取和写入字节）。

文件对象：“open()”函数执行之后，系统会返回一个文件对象，用户可以给这个文件对象起一个名字，然后对文件进行操作的时候就可以使用“文件对象.方法()”。

常见的文件对象的方法有如下几种。

```
file.close()        关闭文件
file.write(str)     将字符串写入文件
file.read()         读取文件中的内容
file.name()         读取文件名
```

将代码刷入 Micro:bit 中，点击“文件”按钮，Mu 编辑器将在“files on your device”窗口下显示 Micro:bit 中的所有文件。

可以看到里面有两个文件：“pressure.txt”和“main.py”。“main.py”是

主程序，里面包含了用户程序（用户在 Mu 编辑器内编写的程序）和固件程序；“pressure.txt”是利用“with open() as”创建的程序，如图 12.7 所示。

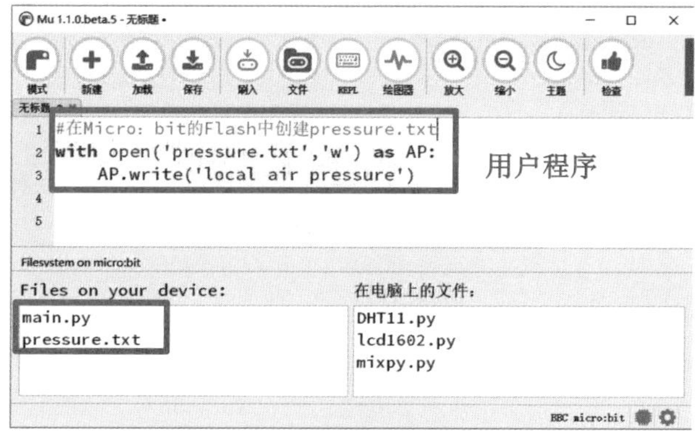

图 12.7 查看 Micro:bit 中文件

2. 读取文件系统中的文件

读取文件时，同样可以使用“with open() as”函数，需要注意的是，文件名后面一定要添加后缀，模式选择“r”（以只读方式打开）。

步骤如下：

（1）继续上一步“创建文件”的代码，再次点击文件按钮，关闭文件窗口。

（2）单击“REPL”按钮，进入交互式 shell。

（3）在 REPL 提示区“>>>”后面输入如下代码：

```
MicroPython v1.9.2-34-gd64154c73 on 2017-09-01; micro:bit
Type "help()" for more information.
>>>
>>> with open('pressure.txt','r') as AP: 按回车键
...     print(AP.read()) 按回车键
...     按backspace+回车键
local air pressures
>>> |                    读取的文件内容
```

3. 将文件系统中的文件复制到计算机上

由于文件系统位于 Micro:bit 内部，所以无法通过 USB 数据线直接管理，不能像计算机上的文件那样直接复制或查看。目前，最方便的方法是利用 Mu 编辑器中的文件功能进行复制和删除，如图 12.8 所示。

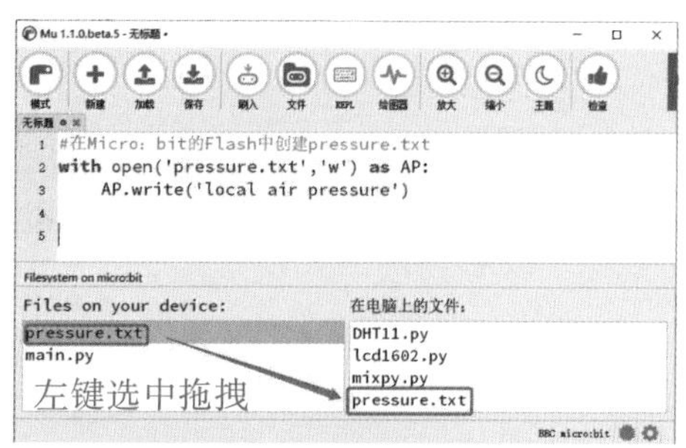

图 12.8 复制 pressure.txt 文件到计算机

利用鼠标拖拽 pressure.txt 文件到“在电

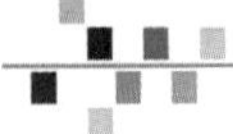

脑上的文件”窗口，可以看到“在电脑上的文件”窗口中复制了一个同名文件。此时打开计算机 C 盘→用户→用户名→mu_code 文件夹→pressure.txt，可以看到里面的文档内容：local air pressure，如图 12.9 所示。

图 12.9 在计算机上查看 pressure.txt 文档内容

4. 删除文件系统中的文件

删除文件的方法很简单，只需要在“files on your device”窗口下，选中需要删除的文件，然后在文件名上单击鼠标右键，选择“delete”（删除）如图 12.10 所示。删除后的文件不会放入回收站，而是直接删除，所以删除后是无法恢复的。

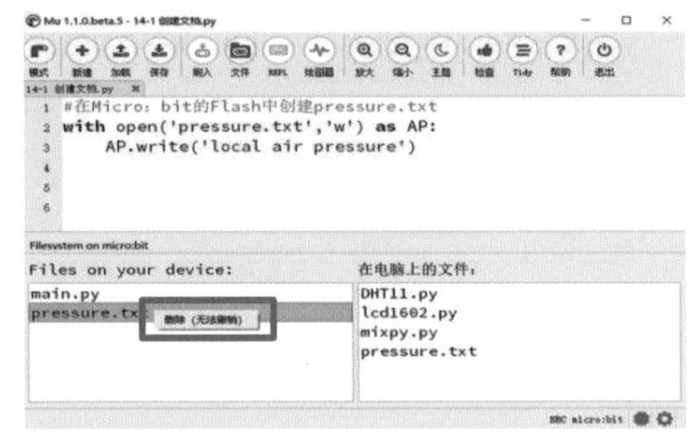

图 12.10 删除 pressure.txt 文件

分析组成

同学们，请分析一下，利用了文件系统功能的迷你气象站是由哪几部分组成的？

结构分析

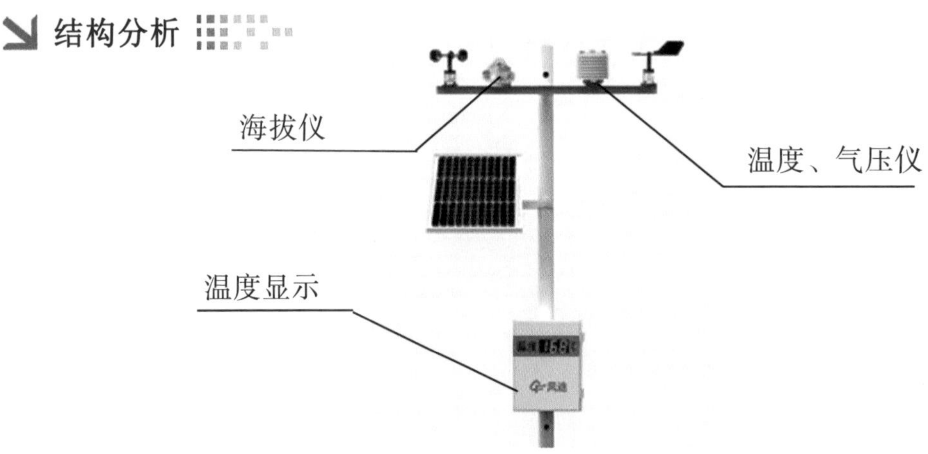

功能分析

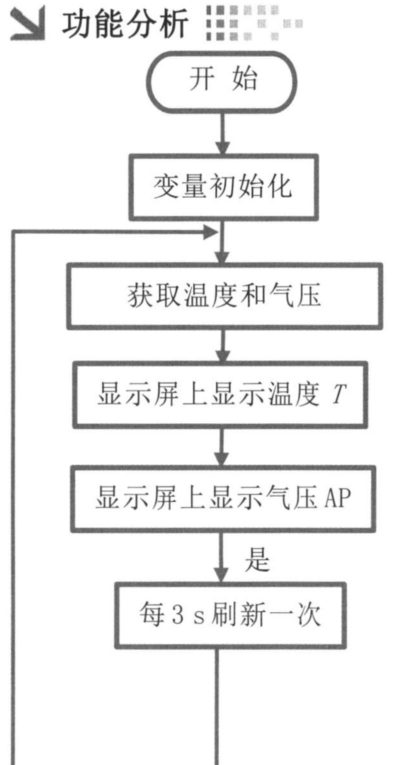

迷你气象站

动手制作一个迷你气象站，可以获取当地的温度、气压、高度，并显示在 LCD 屏上面，每隔 3 s 刷新一次。

注意：刚上电的气压传感器 bmp280 需要稳定 20 s 后再读取数据。

编程语法

在 Python 中，包含一个函数或一组函数的 Python 文件称为模块（Module），也可以称之为库，其本质是一个扩展名为“.py”的文件，可以完成特定的功能。Mu 编辑器提供了很多适用于 Micro:bit 的标准库，比如之前使用过的 music 模块、speech 模块，这些模块可以通过“import.模块名”的方式进行调用。

但是很多外部设备和传感器的使用，需要自己的库文件进行支持，这些标准库以外的库文件，我们称之为“三方库”或“外部库”，可以通过文件系统保存这些外部库，然后在主程序中进行调用。

参考程序

```
# 通过三方库驱动 bmp280 传感器
# 将 bmp280 传感器插入驱动板，SCL 接 Pin19，SDA 接 Pin20 引脚
from microbit import *
import bmp280          # 导入 bmp280 库
b = bmp280.BMP280()         # 实例化传感器
```

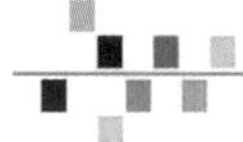

```
while True:
    print('T', b.Temperature())      # 在 REPL 上打印显示温度 Temperature
    print('P', b.Pressure())      # 在 REPL 上打印显示压力 Pressure
    print('--------')      # 在 REPL 上打印显示分隔线
    sleep(3000)      #每隔 3s 刷新一次
    '''实例化：在面向对象的编程中，把用“类”创建“对象”的过程称为实例化，可以简单地类比为：用蓝图（类）生成实物（对象）的过程。只有在实例化之后，才可以调用实物的功能函数。'''
```

'''第一次下载主程序之后，因为缺少 bmp280 的库，系统会提示错误。这时我们将库文件先放在计算机 C 盘→用户→用户名→mu_code 文件夹的根目录下，然后点击 Mu 编辑器中的文件按钮，此时可以看到“在电脑上的文件”窗口内，出现了 bmp280.py 的文件（见图 12.11），用鼠标左键点击并拖动该文件到“files on your device”窗口（见图 12.12）。

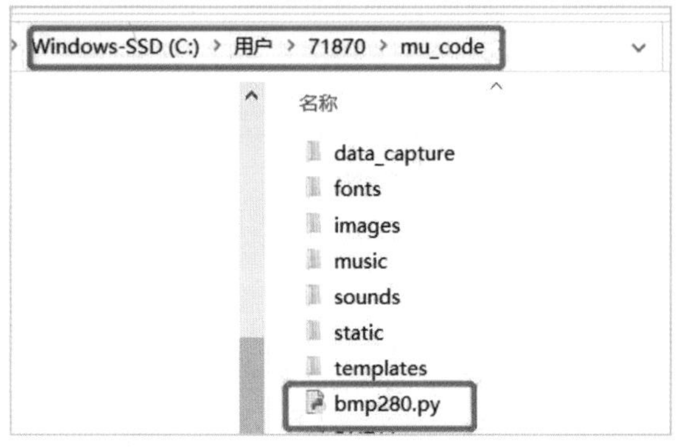

12.11 存放 bmp280.py 至 mu_code 根目录下

此时，Micro:bit 背板上的黄色 LED 灯闪烁，说明正在通过 USB 端口朝着 Micro:bit 闪存中的文件系统写入文件。写入成功后，可以在“files on your device”窗口下看到 bmp280.py 文件。此时，再点击 Micro:bit 的重启按键就可以正常运行了。点击“REPL”，可以在交互模式下看到传感器获取到的数据，如图 12.13 所示。

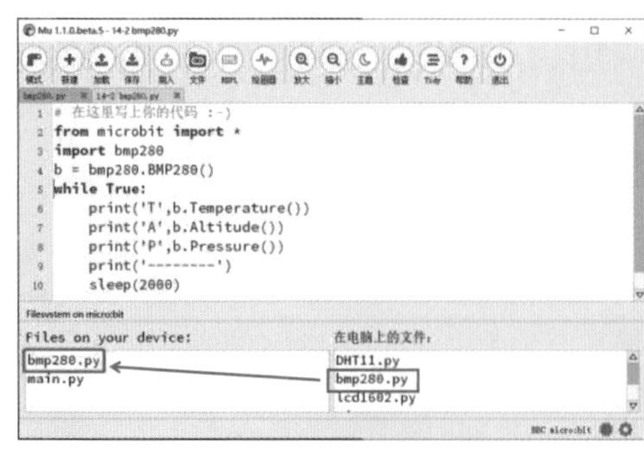

图 12.12 拖拽 bmp280.py 到文件窗口

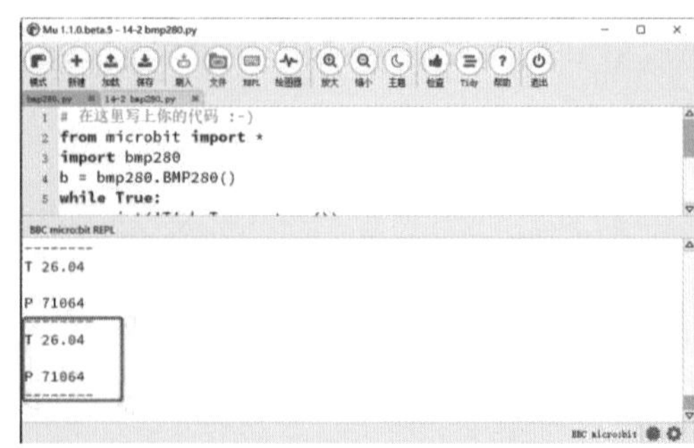

图 12.13 通过 REPL 查看数据

设计创造

同学们，让我们利用刚才所学的知识，设计迷你气象站，并结合流程图编写程序吧！

硬件连接

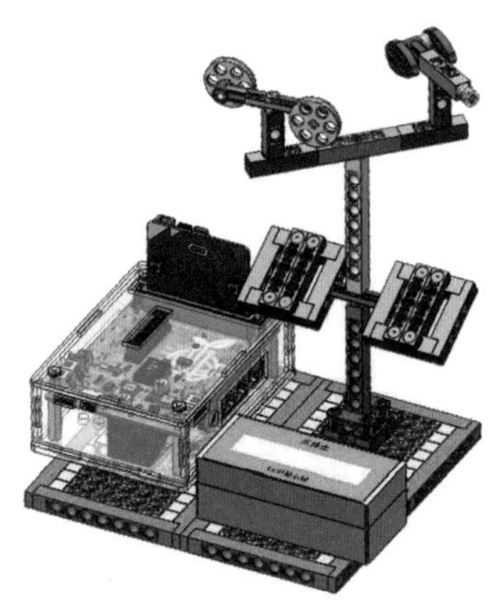

参考程序

```
# 将 bmp280 连接 pin19、pin20 引脚
from microbit import *
import bmp280        # 导入 bmp280 库
from lcd1602 import *
b = bmp280.BMP280()        # 实例化传感器
lcd = LCD1602()         # 实例化显示屏
while True:
    T = str(b.Temperature ())   # 将温度返回值转化为字符串
    P = str(b.Pressure())        # 将气压返回值转化为字符串
    lcd.puts("Temp:", 0, 0)        # 在 LCD 屏上显示温度
    lcd.puts(T, 5, 0)
    lcd.puts("AirP:", 0, 1)         # 在 LCD 屏上显示气压
    lcd.puts(P, 5, 1)
    sleep(2000)                          # 每隔 2 s 刷新一次.
```

目标检测

同学们，学习完本节课，你们是否已经掌握了以下知识点？请回顾学习过程，自我检测一下吧！

- ☐ 了解存储器的定义及分类。
- ☐ 掌握 Micro:bit 中的文件系统。
- ☐ 掌握文件系统中文件的创建、读取、复制和删除。
- ☐ 编程实现迷你气象台的数据监测。

拓展提高：固件是什么？

固件是指单片机内部保存的设备“驱动程序”，固件是硬件设备与程序之间的桥梁，通过固件，用户才能对单片机上的设备进行驱动。

比如，将 Micro:bit 连接计算机之后，计算机将 Micro:bit 的内部存储器识别为可移动磁盘，并显示为“MICROBIT”。点击进入后，双击“DETAILS.TXT”，可以发现记事本第 1 行和第 10 行分别写出了 DAPlink 固件的获取地址以及版本号（见图 12.14），这是 Micro:bit 开发板背面 USB 接口芯片的固件（见图 12.15），用于与计算机的 USB 接口或通用串行总线通信和为 Micro:bit 供电。

DETAILS.TXT - 记事本

文件(F) 编辑(E) 格式(O) 查看(V) 帮助(H)

DAPLink Firmware see https://mbed.com/daplink
Unique ID: 9904360262014e4500473003000000110000000009796990b
HIC ID: 9796990b
Auto Reset: 1
Automation allowed: 0
Overflow detection: 0
Incompatible image detection: 1
Page erasing: 0
Daplink Mode: Interface
Interface Version: 0255
Bootloader Version: 0255
Git SHA: 1436bdcc67029fdfc0ff03b73e12045bb6a9f272
Local Mods: 0
USB Interfaces: MSD, CDC, HID, WebUSB
Bootloader CRC: 0x828c6069
Interface CRC: 0x5b5cc0f5
Remount count: 0
URL: https://microbit.org/device/?id=9904&v=0255

图 12.14 固件文件获取地址及版本号

图 12.15 Micro:bit USB 接口芯片

13 电 机

关键词：直流电动机、映射

发现问题

海盗船是一款水平轴往复摆动类的经典游乐设备，由工作人员控制摆动幅度以及摆动时间。坐上海盗船，人就像钟摆一样前后摇晃，很多人对坐海盗船乐此不疲，喜欢体验海盗船快速下降的失重感。同学们知道海盗船是如何实现往复摆动的吗？又是如何控制摆动速度的呢？让我们一起来寻找答案吧！

搜索答案

海盗船地面基座处有一个电动机带动的轮子，每当海盗船运动到垂直位置（最低点），轮子就会和海盗船的底部接触，并产生相对摩擦将海盗船抛向高处，电机做相同时间的正、反转运动，从而实现海盗船往复摆动，如图 13.1 所示。

图 13.1 游乐设备“海盗船”

>>> 定 义 <<<

直流电动机（见图 13.2）：采用直流电源供电，将电能转换成机械能的旋转电机[1]，在电路图中用字母“M”表示。

图 13.2 直流电动机示意图

>>> 小知识 <<<

在金属中，有大量的自由电子，它们可以自由移动。平时金属内的自由电子运动杂乱无章，但是接上电源之后，它们就受到了推动力，开始做定向移动形成了电流（见图 13.3）。当电流的方向不随着时间变化时，就称之为直流电，如充电宝和电池所提供的电流；当电流的方向随着时间变化时，就称之为交流电，比如墙壁插座中的电流（见图 13.4）。

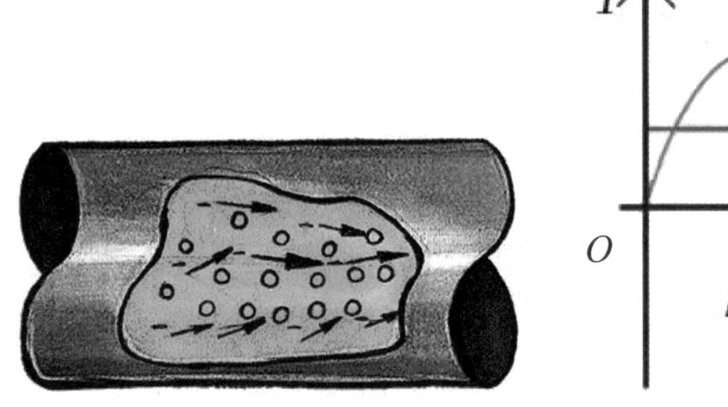

图 13.3 自由电子在金属导体内的定向移动

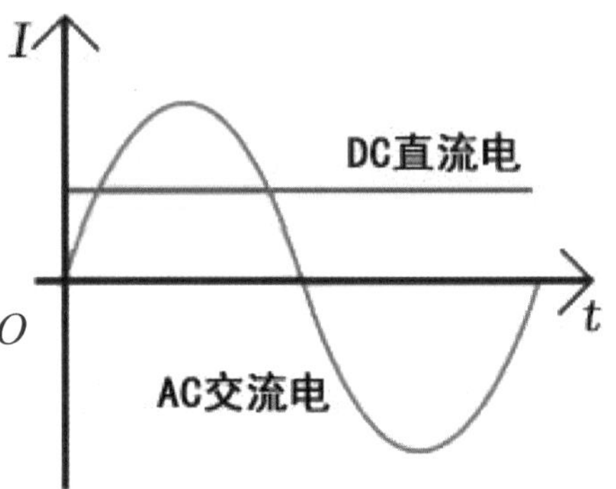

图 13.4 直流电与交流电

---

① 电机：运用“电生磁”原理将电能转换成功的装置。本课所使用的电机型号是 N20。

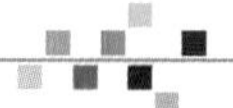

结 构

直流电动机主要由定子、转子、电刷与换向器、转轴四部分组成，如图 13.5 所示。

定子：与电机外壳相连，定子上有固定的永久磁铁，提供磁场。

转子：由多匝铜线绕成线圈，是直流电机实现机-电能量转换的关键部件。

电刷和换向器：由两个相互绝缘的半圆形铜片组成换向器，与电刷配合使用，接通外部的供电电流，并传递给转子。

转轴：对外输出旋转动力的装置。

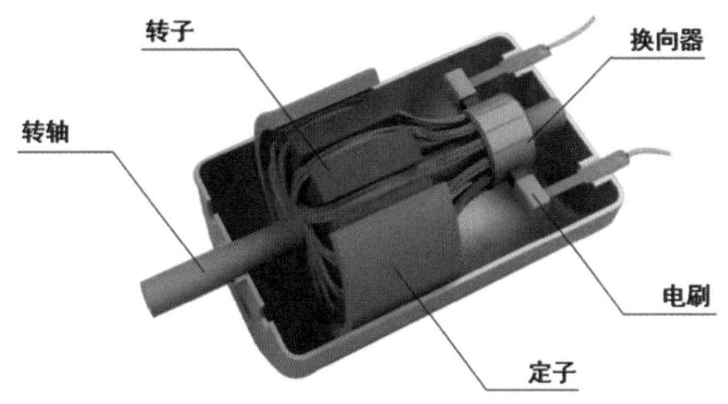

图 13.5 直流电动机结构示意图

工作原理

直流电动机的工作原理：通电导体在磁场中受到力的作用，这种力被称为电磁力。简单来讲，直流电机转子由铜线圈围绕而成，当转子通电之后，就会在磁场中受到电磁力的作用，发生旋转，与转子相连接的转轴也随之转动（见图 13.6），对外输出转矩，这就是直流电机的工作原理。

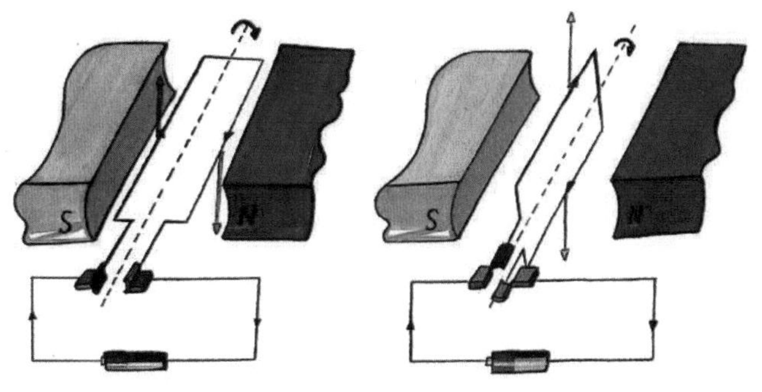

图 13.6 直流电机工作原理示意图

直流减速电机

直流减速电机也叫齿轮减速电机，它是在普通直流电机的基础上添加齿轮减速箱，利用齿轮之间的不同配比，提供较低的转速和较大的力矩[①]。

在齿轮减速箱内，连接着电机端的齿轮称为主动轮，对外输出力矩的齿轮称为从动轮。当主动轮的齿数小于从动轮的齿数时，从动轮上转轴的速度就会降低，如图 13.7 所示。

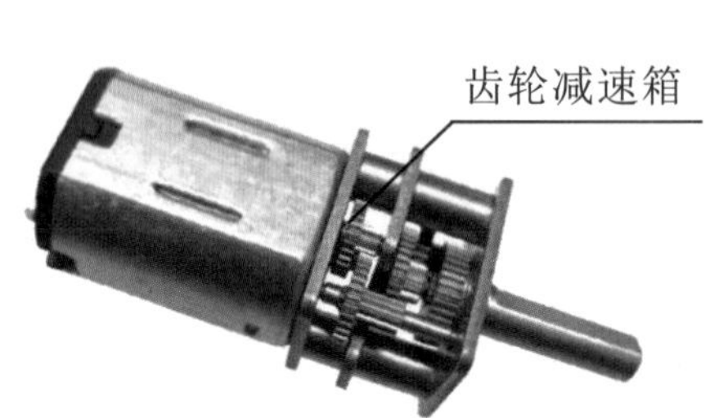

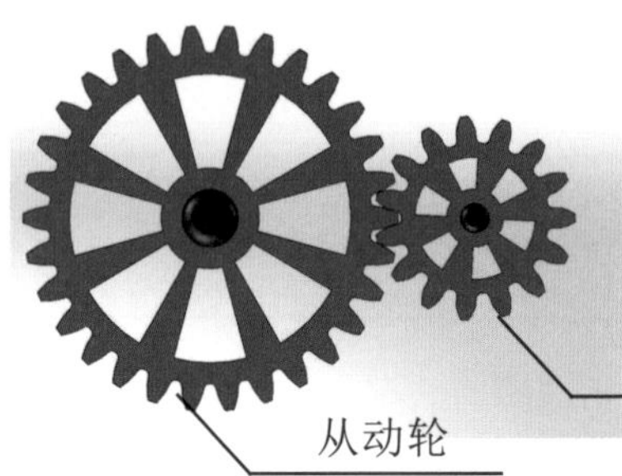

图 13.7 直流减速电机及减速箱内部结构示意图

思考应用

同学们，想一想，如何利用 Micro:bit 让减速电机转动起来？又如何控制转动方向呢？

1. 让直流电机转动起来

参考程序

```
# 让直流电机转动起来（电机插在 pin0 和 pin1 引脚）
from microbit import *
while True:
    pin0.write_digital(1)   # pin0 引脚与电机一端相连，向该引脚输入高电平
    pin1.write_digital(0)      # pin1 引脚与电机另一端相连，向该引脚输入低
电平
```

①力矩：表示力对物体作用时所产生的转动效应的物理量。

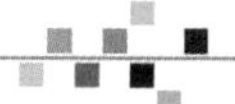

代码解析

使用“pin.write_digital()”函数设置引脚的数字量输出，可以是“0”或“1”。设置 pin0 引脚为高电平，设置 pin1 引脚为低电平，pin0 和 pin1 引脚之间产生电位差，电机开始转动，然后利用“while True”循环使其一直转动。

2. 控制电机正反转

参考程序

```
# 控制电机的转动方向，实现电机的正、反转（电机插在 pin0 和 pin1 引脚）
from microbit import *
while True:
    pin0.write_digital(1)      # 实现电机的正向转动
    pin1.write_digital(0)
    sleep(1000)                # 保持 1 s
    pin0.write_digital(0)      # 实现电机的反向转动
    pin1.write_digital(1)
    sleep(1000)                # 保持 1 s
```

代码解析

交换电机控制引脚的高低电平，让电流反向，实现电机反转功能。同时，将电机的正向转动与反向转动嵌套进“while True”循环中，实现正反转功能。

3. 让电机调速与停止

参考程序

```
# 按下板载按钮，让电机停止转动（电机插在 pin0 和 pin1 引脚）
from microbit import *
while True:
    pin0.write_analog(512)        # 电机调速转动
    pin1.write_analog(0)
    if button_a.is_pressed():     # 如果按键 A 被按下
        break                     # 退出循环
pin0.write_analog(0)
pin1.write_analog(0)      # 电机停止转动
```

代码解析

使用“pin.write_analog()”函数设置引脚的模拟输出值（范围是 0~1 023）。0 代表电机的最小速度，1 023 代表电机的最大速度。数值越大，速度越快。

当电机的两个控制端的电平一致时，可以同时为高或为低（即没有电位差），电机停止转动。本例程中利用“while True”循环使电机一直转动，如果按钮 A 被按下，则退出整个循环，程序向下执行，电机停止转动。

分析组成

同学们，请分析一下，海盗船是由哪几部分组成的？

结构分析

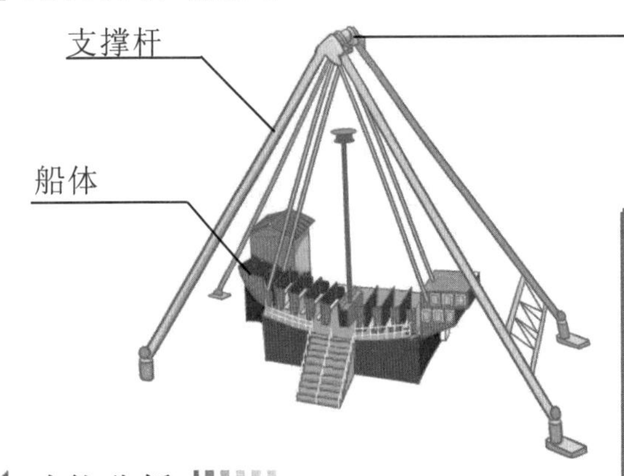

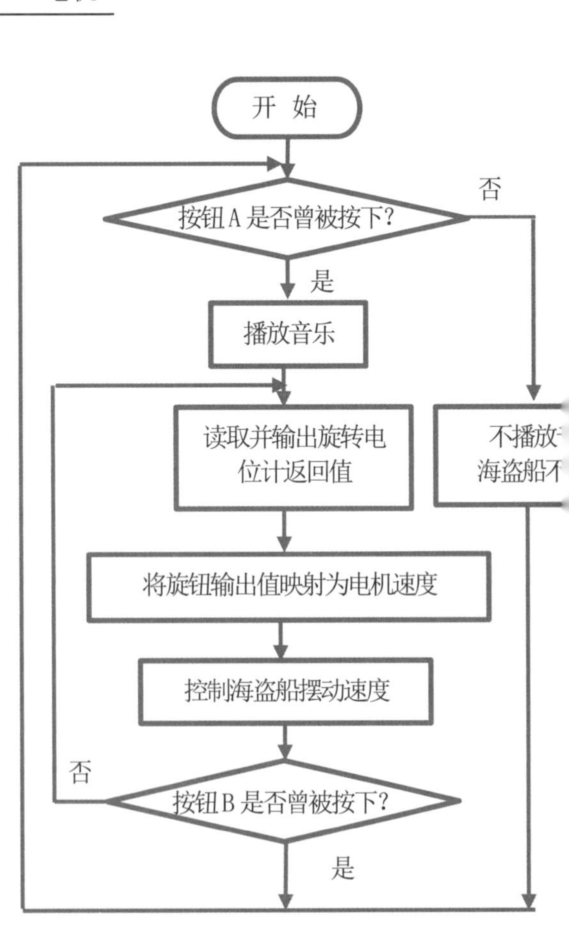

功能分析

海盗船

按下板载 A 按钮海盗船开始摆动（电机转动），背景音乐响起。用旋转电位计可以调节电机转速。

按下板载 B 按钮，电机停止转动，音乐也停止播放（无须重启，可以反复进行）。

① 由于积木搭建的造型原因，模型将电机放在支撑杆最上方。

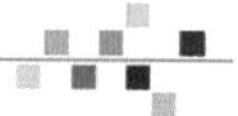

编程语法

在数学里，具有某种特定性质的事物的总体称为集合。如果两个集合里面的元素存在一一对应的关系，那么这种相互对应的关系称为映射。在数学里，一对一和多对一都称为映射，例如，一张电影票对应一个座位，不同的书可以对应到一个书籍分类，如图 13.8 所示。

图 13.8 映射示例

映射函数 math_map()：使两个集合内的元素之间产生相互“对应”的关系，注意这个函数是在 Python 标准“map()”函数的基础上变化而来，需要导入第三方库文件 mixpy.py 后才能使用。它的一般表达形式如下。

```
math_map(v, al, ah, bl, bh)
```

参数“v”：需要去做映射的值或变量。

参数“al”和参数“ah”：映射的起始元素集范围。

参数“bl”和参数“bh”：映射的终点元素集范围。

设计创造

同学们，让我们利用刚才所学的知识，设计海盗船模型，并结合流程图编写程序吧！

硬件连接

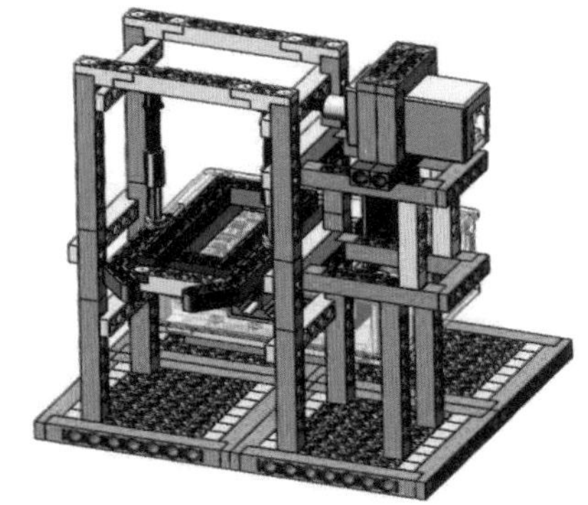

参考程序

```
# 海盗船：按下板载按钮 A 海盗船开始摆动（电机转动），背景音乐响起，用旋转电位计可以调节转速。
# 按下板载按钮 B 电机停止转动，音乐也停止（无须重启，可以反复玩）。
# 必须使用 mixpy 模块，才能用映射函数“math_map()”降低转速。
# 电机插在 pin3、pin8，旋转电位计插在 pin2。

from microbit import *
import music
from mixpy import math_map
display.off()
while True:
    if button_a.was_pressed():                # 按钮 A 是否被按下
        music.play(music.PYTHON, pin=pin0, wait=False, loop=True) # 播放背景音乐
        while True:
            x = pin2.read_analog() # 读取旋转电位计 pin2 值后，将读取值赋给变量 x
            print(x)                          # 输出旋转电位计返回值 x
            y = (math_map(x, 0, 1023, 0, 256))  # 将 x 从 0~1023 映射到 0~256 实现调速
            pin3.write_analog(y)   # 连接电机两端引脚产生电位差，实现电机正转
            pin8.write_analog(0)
            sleep(300)
            pin3.write_analog(0)   # 连接电机两端引脚产生电位差，实现电机反转
            pin8.write_analog(y)
            sleep(300)
            if button_b.was_pressed():        # 如果按钮 B 曾被按下
                break                         # 退出循环
    else:                                     # 按钮 A 未被按下
        music.stop(pin0)                      # 音乐停止
        pin3.write_analog(0)   # 连接电机两端引脚无电位差，电机停止转动
        pin8.write_analog(0)
```

目标检测

同学们，学习完本节课，你们是否已经掌握了以下知识点？请回顾学习过程，自我检测一下吧！

- [ ] 电机、减速电机的结构及工作原理。
- [ ] 映射的内涵、语法及应用。
- [ ] 编程实现直流电机的正反转动和停止。

拓展提高

1. 齿轮的啮合方式

啮合是指两机械零件间的一种传动关系，称为啮合传动。齿轮传动是最典型的啮合传动，也是应用最广泛的一种传动形式。

按照轴线在空间的位置关系分类，我们可以将齿轮的啮合方式分为平行轴圆柱齿轮传动、相交轴圆锥齿轮传动、交错轴齿轮传动，如图 13.9 所示。

平行轴圆柱齿轮传动

相交轴圆锥齿轮传动

交错轴齿轮传动

图 13.9 齿轮的啮齿方式

2. 减速比的计算方式

减速比即减速装置的传动比，是传动比的一种，是指减速装置中瞬时输入速度与输出速度的比值，用符号“i”表示。用“:”连接的输入转速和输出转速的比值，减速比公式表示方法为：i=输入转速/输出转速。

齿轮系减速比还可以用从动齿轮齿数÷主动齿轮齿数=减速比的方法计算。

图 13.10 所示的案例中，主动轮是 8 齿小齿轮，从动轮是 16 齿大齿轮，减速比为 16 : 8=2 : 1。

图 13.10 减速装置

14 舵　机

关键词：舵机、脉宽调制（PWM）

发现问题

随着生活水平的提高，机器人已经逐渐成为家庭中常见的玩具。跳舞机器人的关节可以像人一样灵活地转动。仔细观察，会发现它们的关节内的电机只能在一定的角度范围内活动，而不是像上节课学习的电机一样，一圈一圈转动的，这是怎么实现的？又是如何精准地控制它转动的角度？让我们一起来搜索答案吧！

搜索答案

在机器人的关节内安装的是一种伺服电机——舵机（见图 14.1）。伺服电机是一种可以精准控制位置和转动角度的电机，具有快速响应控制指令的特点。

图 14.1 舵机

定　义

舵机[1]：一种位置（角度）能够跟随输入量（或给定值）的任意变化而变化的驱动器，是一种可以精确控制转动角度的电机，如图 14.2 所示。

控制线含义：

棕色：地线 GND

红色：电源线 Vcc

橙色：信号线

图 14.2　舵机示意图

结　构

舵机是由一个小型直流电机、一组变速齿轮、一个反馈可调电位器以及一块电机控制板组成的自动控制系统，如图 14.3 所示。

电机控制板主要是用来驱动电机和接受电位器反馈回来的信息。舵机的驱动力来自直流电机，通过变速齿轮的传动和变速，将动力传输到输出轴。同时，舵机内部设有反馈可调电位器和控制电路板，用来参与舵机的转动角度的控制和信号的反馈检测工作。

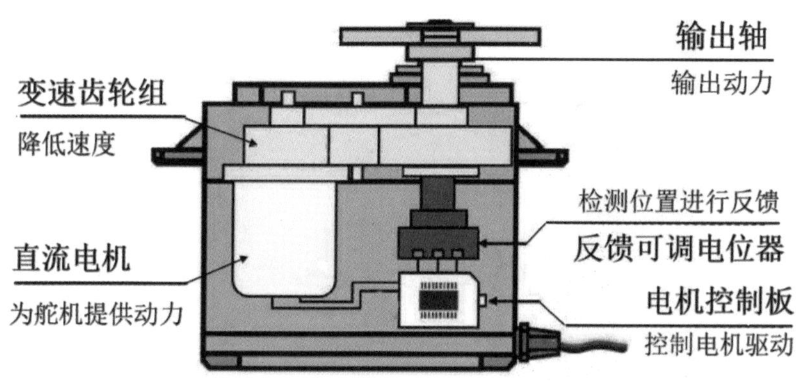

图 14.3　舵机结构及各组成部分示意图

① 舵机：本书中所用的是 SG90-9g 型模拟舵机。

控制原理

舵机转动角度的控制需要一个周期为 20 ms 左右的持续脉冲①，**该脉冲**的高电平部分称为脉冲宽度，通常在 0.5 ~ 2.5 ms。脉冲的宽度决定了舵机转动到达的位置角度。一个脉冲宽度对应一个位置角度，见表 14.1。

表 14.1　本课舵机的脉冲宽度与位置角度对应关系

输入脉冲宽度（周期为 20ms）	位置图示	位置角度
0.5 ms		0°
1.5 ms		90°
2.5 ms		180°

小知识

舵机的最大扭力：当舵机旋转到某一角度，并让它保持这个角度时，外力的影响不会让它的角度发生变化，但这个外力是有上限的，上限就是它的最大扭力。

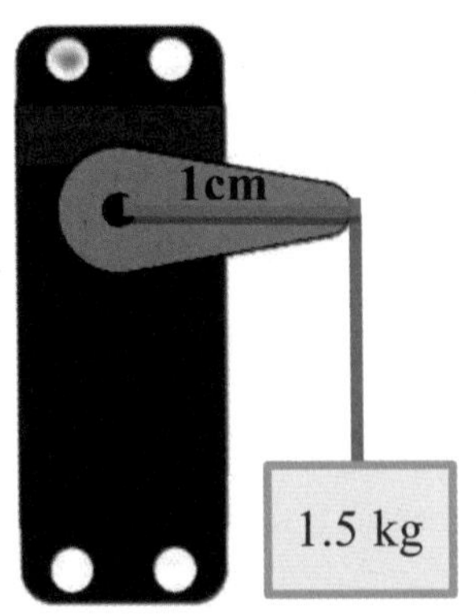

图 14.4 舵机的最大扭力

本课所使用舵机的最大扭矩是 1.5 × 9.8 N · cm，表示在舵盘距舵机轴中心 1 cm 处，舵机能够承受的最大质量为 1.5 kg，如图 14.4 所示。

① 脉冲：电子技术中经常运用的一种像脉搏似的短暂起伏的电流。

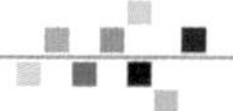

思考应用

同学们，想一想，如何利用 Micro:bit 控制舵机转动到目标角度呢？

1. 脉冲宽度调制技术（PWM）

脉冲宽度调制是一种利用微处理器的数字信号对模拟电路进行控制的技术。简单来说就是通过一个时间周期内高低电平的不同占空比[①]来表征模拟信号，即单位时间内改变电压的有效输出时间，进而改变电压的输出平均值。例如，在一个时间周期内，对 5 V 电压进行脉宽调制，占空比是 50%，则平均对外输出电压是 5 V×50%=2.5 V，如图 14.5 所示。

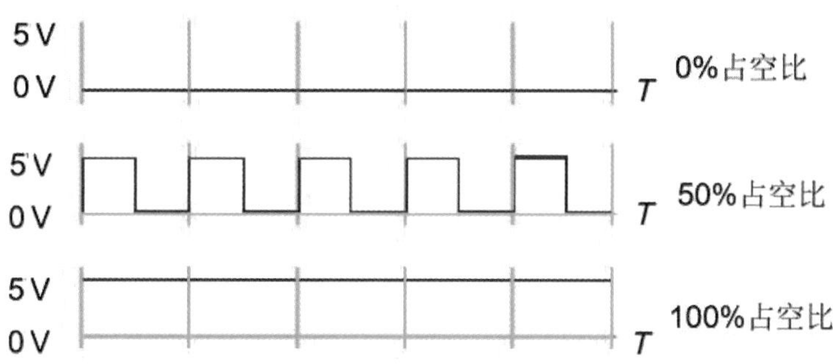

图 14.5　不同空间占比下，电压与时间周期关系示意图

2. 控制舵机转动

在 Micro:bit 中可以通过设置引脚输出电压的周期和控制占空比的方法控制舵机的转动角度。

（1）通过“set_analog_period(period)”函数以毫秒为单位输出周期是 20 ms 的电压信号。

（2）通过“write_analog(value)”函数修改周期电压的不同占空比。

首先，用舵机的目标角度所对应的脉冲宽度除以脉冲周期 20 ms，就可以得到目标角度的占空比，然后用这个占空比乘以 1 024，就可以得到“value”值。反过来，通过 Micro：bit 引脚对外输出这个“value”值，就可以控制舵机旋转到目标角度。

① 占空比：在一个脉冲周期内，高电平时间相对于总时间所占的比例。

3. 让舵机在 0~180° 往复运动

参考程序

```
# 9g 舵机的信号线插在 pin16，在 0~180°往复运动，间隔 3 s
from microbit import *
pin16.set_analog_period(20)      # 一个周期为 20 ms
while True:
    pin16.write_analog(25.6)      # 舵机转动角度为 0°
    sleep(3000)
    pin16.write_analog(128)      # 舵机转动角度为 180°
    sleep(3000)
```

代码解析

0°对应 0.5 ms 的脉冲宽度，0.5 ms/20 ms×1 024=25.6，“25.6”就是舵机在 0°时“value”的取值；180°对应 2.5 ms 的脉冲宽度，2.5 ms/20 ms×1 024=128，“128”就是舵机在 180°时“value”的取值。

分析组成

同学们，请分析一下，刷卡道闸是由哪几部分组成的？

结构分析

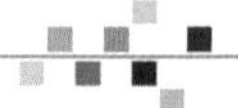

功能分析

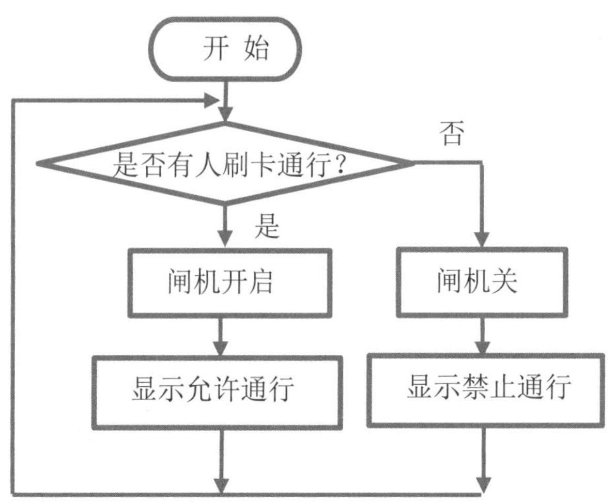

刷卡道闸

平时，道闸刷卡系统的显示屏上面显示禁止通行（×），闸机关闭。当车辆准备驶出停车场时，需要在门口的道闸缴费系统处刷卡（本例中用磁力传感器代替读卡器，磁铁代替磁卡），刷卡后，显示屏呈现允许通行（√），

传感器介绍

磁力传感器是把磁场变化转换成电信号的设备（见图 14.6），磁力传感器内部利用干簧管作为磁敏元件，基本形式是将两片磁簧片密封在玻璃管内，两片虽重叠，但中间隔有一小空隙。当外部出现磁场时，将使两片磁簧片接触，进而导通。一旦外部磁场远离，磁簧开关将返回原来的位置，如图 14.7 所示。磁力传感器探测范围可达 3 cm 左右。平时输出高电平，检测到磁性时输出低电平。

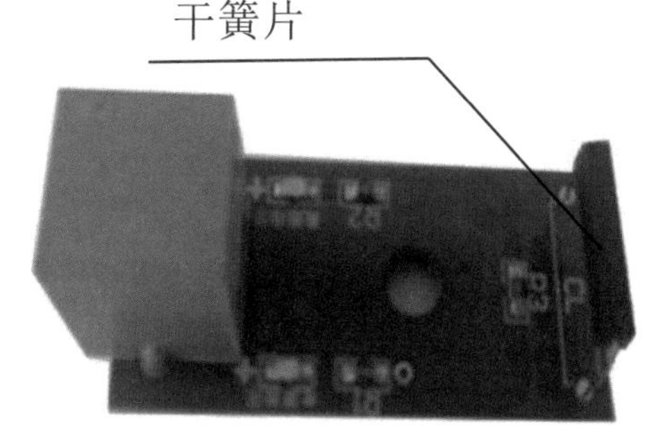

图 14.6　磁力传感器内部结构

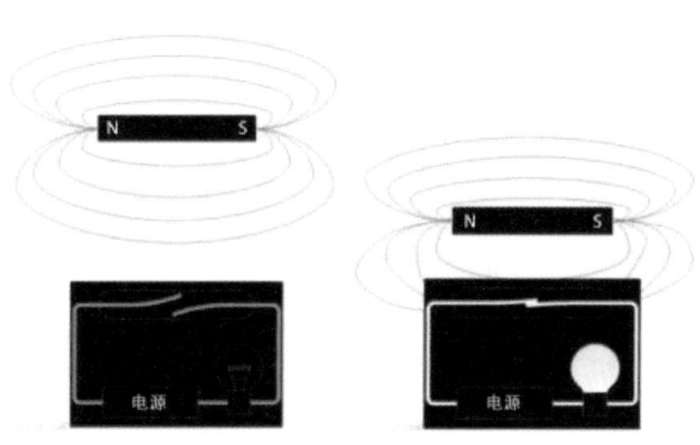

图 14.7　干簧管工作原理

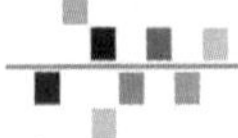

设计创造

同学们，让我们利用刚才所学到的知识，设计道闸，并结合流程图编写程序吧！

硬件连接

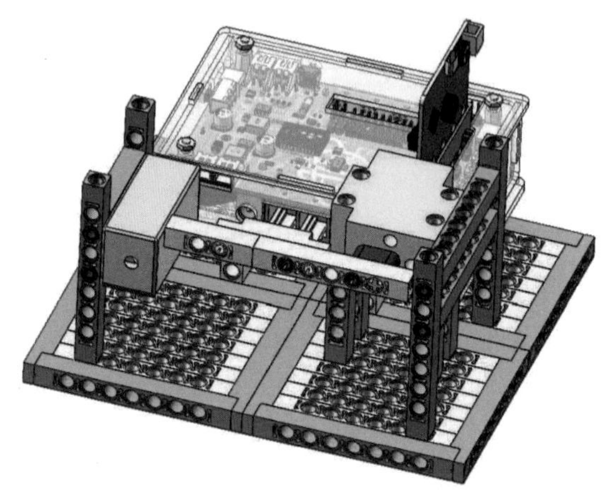

参考程序

```
# 磁力传感器在 pin1，舵机在 pin16
from microbit import *
pin16.set_analog_period(20)
while True:
    if pin1.read_digital() == 1:              # 无人刷卡
        pin16.write_analog(25.6)              # 舵机在 0° 闸机关闭
        display.show(Image.NO)                # 禁止通行
    else:
        pin16.write_analog(128)               # 舵机在 128° 闸机开启
        display.show(Image.ARROW_N)           # 允许通行
        sleep(5000)                           # 让车通行的时间
```

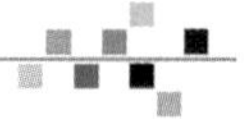

目标检测

同学们，学习完本节课，你们是否已经掌握了以下知识点？请回顾学习过程，自我检测一下吧！

- [ ] 掌握舵机的定义、分类、结构及工作原理。
- [ ] 了解脉冲和扭矩等知识。
- [ ] 掌握磁力传感器的结构及工作原理。
- [ ] 编程实现舵机的转动。

拓展提高

舵机按照工作信号可分为模拟舵机（Analog Servo）和数字舵机（Digital Servo）。

模拟舵机：由控制器直接发送 PWM 控制信号。

数字舵机：采用串口形式接收和发送指令，使舵机按照既定的速度、目标位置执行工作。

需要不停地向模拟舵机发送 PWM 信号，才能让它保持在规定的位置或者让它按照某个速度转动，而数字舵机则只需要发送一次控制信号就能让它保持在规定的位置。

15 无线通信系统

关键词：无线通信、radio 库

发现问题

随着科技水平的不断进步，无线通信在我们的生活和工作中变得必不可少，与我们紧密相连。同学们思考一下，Micro:bit 可以实现无线控制吗？你们是否发现在 Micro:bit 控制板的背面左上角，有一段弓字型的金属导线，这是什么？有什么作用？与无线通信有关系吗？让我们一起来寻找答案吧！

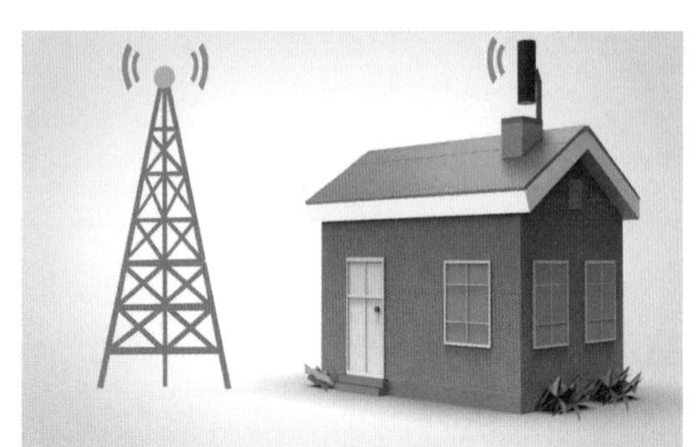

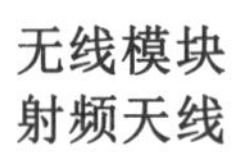

搜索答案

在 Micro:bit 的控制器中有一个内置的无线模块，允许用户通过 radio 库发送和接收消息，而这段弓形导线，其实是板载的射频[①]天线，通过它可以对外传递无线信号（见图 15.1）。

图 15.1 Micro:bit 板载射频天线机

① 射频：具有远距离传输能力的一种高频电磁波。

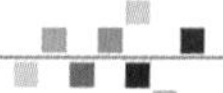

定 义

无线通信技术：利用电磁波信号可以在自由空间中传播的特性进行信息交换的一种通信方式（见图 15.2）。简单地说，它指仅利用电磁波而不通过线缆进行的通信方式。

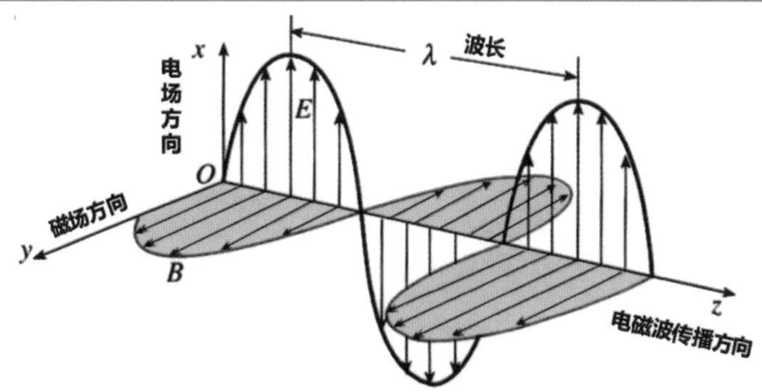

图 15.2 电磁波传播示意图

小知识

电磁波：从物理学的角度来说，电磁波是能量的一种，同时电磁波也是电磁场的一种运动形态。电与磁可说是一体两面，变化的电场会产生磁场，变化的磁场则会产生电场。变化的电场和变化的磁场构成了一个不可分离的统一的场，这就是电磁场，而变化的电磁场在空间的传播形成了电磁波。正像人们一直生活在空气中而眼睛却看不见空气一样，除特定频率的光波（可见光）外，人们也看不见无处不在的其他电磁波。图 15.3 为电磁波谱图。

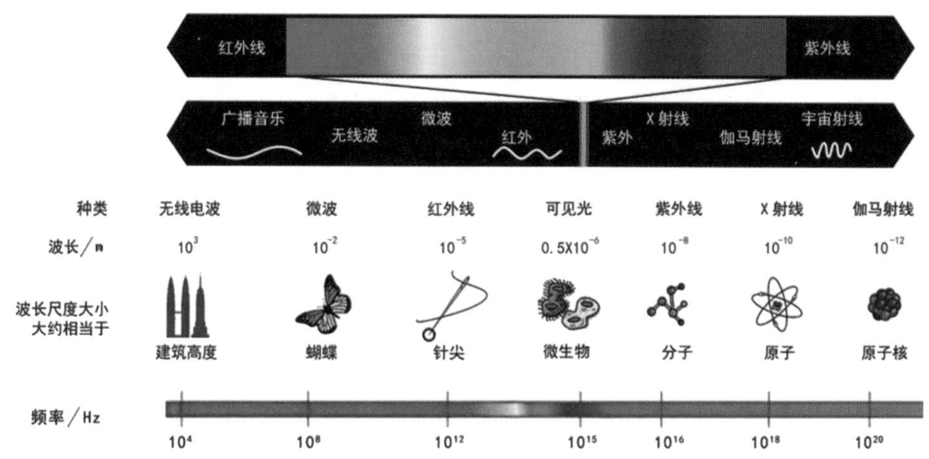

图 15.3 电磁波谱图示意图

原 理

无线通信原理：在电磁学理论中，电流流过导体，导体周围会形成磁场；交变电流通过导体，导体周围会形成交变的电磁场，即电磁波。当电磁波频率低于 100 kHz 时，电磁波会被地表吸收，不能形成有效传输；当电磁波频率高于 100 kHz 时，电磁波可以在空气中传播，经大气层外缘的电离层反射，具有远距离传输能力。我们把具有远距离传输能力的高频电磁波称为射频（Radio Frequency）。射频表示可以辐射到空间的电磁频率，频率范围从 300kHz ~ 30 GHz，如手机、无线局域网（见图 15.4）、无线广播系统（电视和收音机）。

图 15.4 无线局域网

Micro:bit 的无线通信

Micro:bit 支持无线通信和蓝牙功能，使用 2.4 ~ 2.4835 GHz 频段（这个频段是全世界公开通用使用的无线频段，Wi-Fi、蓝牙、微波炉等设备都在这个频段工作），无线通信和蓝牙功能是不能同时使用的，一次只能使用其中的一个功能。

无线通信功能可用于多个 Micro:bit 之间进行通信，功能类似对讲机，不能直接向某一个设备传输，任何在相同频道的设备都可以接收到信号。

蓝牙功能为我们提供了蓝牙 5.0 接口，可以与手机、计算机通信，不能用在 Micro:bit 之间的通信。

思考应用

同学们，想一想，如何利用 Micro:bit 上的无线模块实现通信功能呢？

1. 打开和关闭 radio 模块

参考程序

```
# 编程实现打开和关闭 radio 模块
from microbit import *
import radio      # 导入 radio 库
radio.on()      # 打开无线模块
Sleep(1000)
radio.off()      # 关闭无线模块
```

代码解析

利用 Micro:bit 上的无线通信模块实现数据交换之前需要先导入 radio 模块。“radio.on()”函数是打开无线模块，需要明确调用，因为无线模块会消耗电力并占用内存；“radio.off()”是关闭无线模块，从而节省电量和内存。

2. 发送和接收消息

使用 radio 模块收发消息的时候，类似于收音机，相同频道上的设备可以同时接收到这条消息。下面的程序使用多个 Micro:bit 进行演示，一个 Micro:bit 是发送设备，剩下的都是接收设备。

（1）发送消息。

参考程序

```
# 发送端 radio
from microbit import *
import radio      # 导入 radio 库
radio.on()      # 打开 radio
while True:
    message = 'hello world' # 将消息以字符串的形式存放到变量 message 中
    radio.send(message)      # 发送变量 message 中的消息
    sleep(1000)      # 间隔 1 s 发送一次
```

（2）接收消息。

参考程序

```
# 接收端 radio
from microbit import *
import radio                          # 导入 radio 库
radio.on()                            # 打开 radio
while True:
    date = radio.receive()            # 接收的消息赋值给变量 date
    if date is not None:              # 如果接收到的消息不是空的
        display.show(date)            # 在 LED 显示屏上展示收到的消息
        sleep(1000)                   # 间隔 1 s 发送一次
```

代码解析

“radio.send(message)”函数发送信息字符串，最多可以发送 251 个字节（1 个英文字符为一个字节）。

“radio.receive()”函数接收消息队列中的下一个传入消息。如果没有待处理消息，则返回“None”。消息以字符串形式返回，如果转换字符串失败，则会引发“ValueError”异常。

3. 配置 radio 模块

在前面所有的示例中，都是使用的 radio 模块的默认设置，此时可以将相同的消息发送到具有默认配置的每一个 Micro:bit 中。但通过配置 radio 模块，可以让用户将信息发送到指定的模块上面。

3.1 设置频道

radio 模块可以设置传输频道，只有处于相同频道下的设备才能进行收发。

（1）设置发送端 radio。

参考程序

```
# 设置发送端 radio 频道
from microbit import *
import radio        # 导入 radio 模块
radio.on()      # 打开 radio
radio.config(channel=25)       # 设置 radio 的发送端频道为 25
while True:
    message = 'hello world ' # 将发送的消息以字符串的形式存放到变量 message 中
    radio.send(message)     # 发送变量 message 中的消息
    sleep(1000)   # 间隔 1s 发送一次
```

（2）设置接收端 radio。

参考程序

```
from microbit import *
import radio
radio.on()
radio.config(channel=25)        # 设置 radio 的接收端频道为 25
while True:
    date = radio.receive()       # 将接收的消息用变量 date 表示
    if date is not None:       # 如果接收到数据
        display.show(date)       # 在 LED 显示屏上显示接收到的消息
        print(date)       # 在 REPL 上打印出接收数据
    sleep(1000)
```

代码解析

radio.config(channel)

(channel 默认值=7)可以是整数 0~83（含）值，该值定义了无线电调谐的任意的“频道”。通过此频道接收到的消息才会放入传入消息队列。每个频道的带宽 1 MHz，从 2 400 MHz 开始，频道 0 的频率是 2 400 MHz，频道 1 的频率是 2 401 MHz，以此类推。

3.2 设置地址和分组

radio 模块可以通过“地址和组”的方式从底层过滤掉不要的信息。地址就像邮政地址，而组就像地址内的特定收件人。radio 会过滤掉不是自己所在地址或群组的消息。当然，这个通信过程不是绝对保密的，如果有人破译了你所在的地址和组，那么他也可以接收消息，这也是现代通信中密码学重要的原因。

（1）设置发送端地址和分组。

参考程序

```
# 发送端 radio 在相同地址下，发送给不同分组不同信息
from microbit import *
import radio
radio.on()
radio.config(address=0x00000001)     # 设置发送端的地址
while True:
    radio.config(group=5)     # 设置发送端的组为 5
    message = 'hello world'    # 发送的消息以字符串的形式存放到变量 message 中
    radio.send(message)     # 给该组发送'hello world '的消息
    sleep(500)
    radio.config(group=6)     # 设置发送端的组为 6
    message = 'I love python'     # 将 message 变量重新赋值
    radio.send(message)     # 给该组发送'I love python '的消息
    sleep(500)
```

（2）设置接收端地址和分组。

参考程序

```
# 接收端 radio:
'''一部分 Micro:bit 在 5 号分组，接收到 hello world;
另一部分在 6 号分组，接收到 I love python。'''
```

```
from microbit import *
import radio
radio.on()
radio.config(address=0x00000001)      # 设置接收端的地址
radio.config(group=5) # 设置接收端为 5 组或“radio.config(group=6)”设置接收端为 6 组
while True:
    date = radio.receive()      # 将接收的消息用变量 date 表示
    if date is not None:             # 如果接收到数据
        display.show(date)      # 在 LED 显示屏上显示接收到的消息
        print(date)        # 在 REPL 上打印出数据
    sleep(1000)
```

代码解析

radio.config(address)

“address”是一个 32 位地址（address 默认值=0x75627564），用来在硬件级别上对进入的数据包进行过滤，只保留地址匹配的信息。

radio.config(group)

group 是取值范围（0~255）（group 默认值=0），用于过滤地址内的消息。从概念上讲，地址就像一个学校的地址，而“组”就像您要将消息发送到该地址的人。注意 Micro:bit 在同一时间内只能是一个分组内的成员，发送的数据包只能被同一分组内的 Micro:bit 接收。

（3）其他 config()函数的配置参数。

radio.config(Legth)

定义无线电发送数据包的最大长度（Legth 默认值=32），以字节为单位，最长可达 251 个字节。

```
radio.config(queue)
```

定义存储在收到的数据缓存区中的消息数量（queue 默认值=3），默认接收 3 条。在 Micro:bit 中，radio 功能并不是直接读取无线通信的实时数据，而是读取数据缓存区的数据，无线通信会自动接收数据并存入数据缓存区，如果消息没有被读取，就会一直放在数据缓存区。如果数据缓存区满了，新的消息就没无法自动保存，会被自动丢弃。

```
radio.config(power)
```

定义 radio 功能所使用的信号的强度（power 默认值=6）。它是 0~7 的整数，数值越大，信号越强，通信的距离越远，但设备的功率也越大。

分析组成

同学们，请分析一下，体感遥控车是由哪几部分组成的。

结构分析

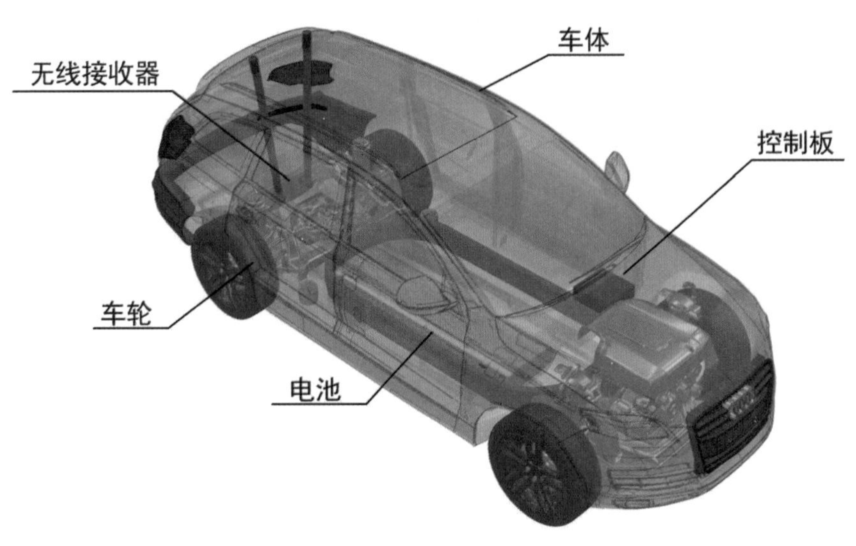

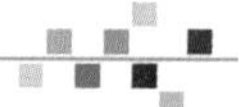

功能分析

体感遥控车：用两块 Micro:bit 控制板完成体感遥控车的任务：一块作为发送端，另一块作为接收端。接收端的控制板作为车体的控制器，控制电机运动。当发送端控制器摆出不同姿态时，通过无线电将 Micro:bit 板姿态发送给接收端的控制器；接收端根据姿态控制遥控车运动。

发送端 Micro:bit 机身姿态		
发送端姿态	发送端字符	接收端动作
正面向上翻折	down	车前进
正面向下翻折	up	车后退
正面向左翻折	left	车左转
正面向右翻折	right	车右转

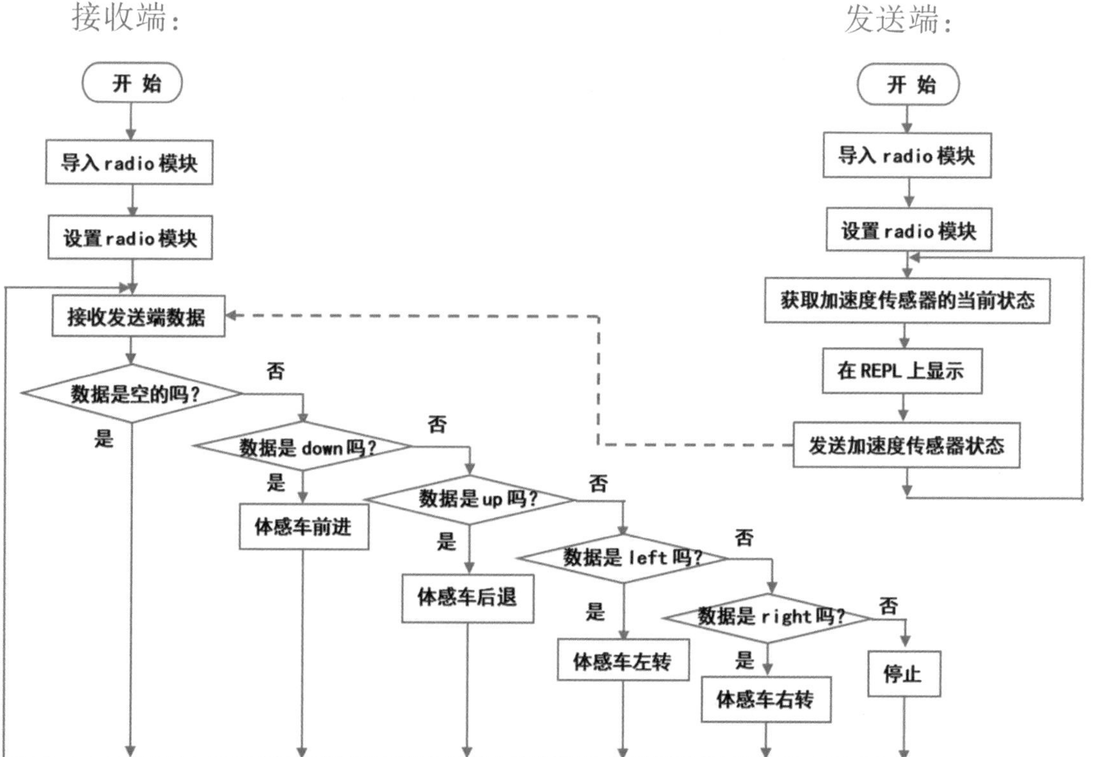

功能分析

在 Python 中，有一个特殊的常量“None”（N 必须大写）。和“False”不同，它不表示 0，也不表示空字符串，而表示没有值，也就是空值。Python 中判断变量是否是“None”的写法如下。

```
if x is None      #如果变量 x 是空值
if x is not None      #如果变量 x 不是空值
```

设计创造

同学们，让我们利用刚才所学的知识，设计体感遥控车，并结合流程图编写程序吧！

硬件连接

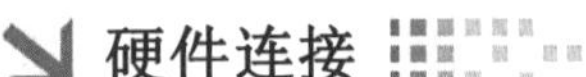

参考程序

1. 发送端程序编写

```
# 发送端：无线遥控器
from microbit import *
import radio      # 导入 radio 模块
radio.on()      # 打开 radio
sleep(100)
radio.config(channel=1)      # 每个遥控车和接收器同 1 组，每组 1 个频道，避免干扰
radio.config(power=7)      # 设置通信强度
while True:
    message = accelerometer.current_gesture() # 将加速度传感器当前状态赋给变量
    print(message)      # 在 REPL 上打印出当前传感器状态
    radio.send(message)      # 发送加速度传感器当前状态信息
    sleep(100)
```

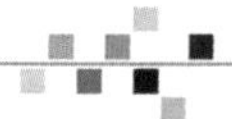

2. 接收端程序编写

```
# 接收端：无线遥控车：左驱动轮——pin3、pin8、右驱动轮——pin4、pin9
from microbit import *
import radio      # 导入 radio 模块
radio.on()      # 打开 radio
radio.config(channel=1)     # 每个遥控车和接收器为 1 组，每组 1 个频道，避免干扰
radio.config(power=7)      # 设置通信距离
display.off()
while True:
    date = radio.receive()      #将接收的消息赋值给变量 date
    if date is not None:       # 如果接收到的消息不是空的
        print(date)
        if date == 'down':      # 如果接收到的数据是“down”
            # 执行前进
            pin3.write_digital(1)      # 左驱动轮
            pin8.write_digital(0)
            pin4.write_digital(1)      # 右驱动轮
            pin9.write_digital(0)
        elif date == 'up':       # 如果接收到的数据是“up”
            # 执行后退
            pin3.write_digital(0)      # 左驱动轮
            pin8.write_digital(1)
            pin4.write_digital(0)      # 右驱动轮
            pin9.write_digital(1)
        elif date == 'left':       # 如果接收到的数据是“left”
            # 执行左转
            pin3.write_digital(0)      # 左驱动轮
            pin8.write_digital(1)
```

```
            pin4.write_digital(1)      # 右驱动轮
            pin9.write_digital(0)
        elif date == 'right':      # 如果接收到的数据是“right”
            # 执行右转
            pin3.write_digital(1)      # 左驱动轮
            pin8.write_digital(0)
            pin4.write_digital(0)      # 右驱动轮
            pin9.write_digital(1)
        else:             # 如果接收到的不是以上数据
            # 车体停止
            pin3.write_digital(0)      # 左驱动轮
            pin8.write_digital(0)
            pin4.write_digital(0)      # 右驱动轮
            pin9.write_digital(0)
    sleep(100)
```

目标检测

同学们，学习完本节课，你们是否已经掌握了以下知识点？请回顾学习过程，自我检测一下吧！

- ☐ 掌握无线通信技术及其工作原理。
- ☐ 了解电磁波和射频等知识。
- ☐ 编程设置 radio 模块，实现收发设备之间通信。
- ☐ 编程控制体感车的运动状态。

拓展提高：电磁波与无线通信

无线通信中使用的电磁波叫作超高频无线电波，频率范围在 300 kHz ~ 30 GHz，频率很高，能量很大，可以像光线一样沿直线传播（见表 15.1）。

发射塔天线越高，无线电波传播越远，为了传播得更远，我们需要建立中继站，像接力赛一样将电磁波传向远处。

表 15.1 各波段的传播方式和主要用途

<table>
<tr><th colspan="2">波 段</th><th>波 长</th><th>频率</th><th>传播方式</th><th>主要用途</th></tr>
<tr><td colspan="2">长 波</td><td>30 000~3 000 m</td><td>10~100 kHz</td><td>地波</td><td>超远程无线电通信和导航</td></tr>
<tr><td colspan="2">中 波</td><td>3 000~200 m</td><td>100~1 500 kHz</td><td>地波和天波</td><td rowspan="2">调幅（AM）无线电广播、电报、通信</td></tr>
<tr><td colspan="2">中短波</td><td>200~50 m</td><td>1 500~6 000 kHz</td><td>天波</td></tr>
<tr><td colspan="2">短 波</td><td>50~10 m</td><td>6~30 MHz</td><td>近似直线传播</td><td>调频（FM）无线电广播、电视、导航</td></tr>
<tr><td rowspan="4">微波</td><td>米波（VHF）</td><td>10~1 m</td><td>30~300 MHz</td><td rowspan="4">直线传播</td><td rowspan="4">电视、雷达、导航</td></tr>
<tr><td>分米波（UHF）</td><td>1~0.1 m</td><td>300~3 000 MHz</td></tr>
<tr><td>厘米波</td><td>10~1 cm</td><td>300~30 000 MHz</td></tr>
<tr><td>毫米波</td><td>10~1 mm</td><td>3 000~300 000 MHz</td></tr>
</table>

16 超声波传感器

关键词：超声波传感器、自定义函数、形参与实参

发现问题

随着手机和平板的普及，人们在不知不觉中就使用了它们很长的时间，造成视觉疲劳、视力下降等诸多问题，智能手机支架就为我们解决了这一难题。当人们离手机比较近的时候，手机支架会翻折，将屏幕隐藏到另一面，当超出了设定的观看时间，手机支架会发出语音提醒，这是怎么实现的呢？让我们一起来寻找答案吧！

搜索答案

智能手机支架的翻折手机功能是利用超声波传感器与舵机配合实现的。

定义

超声波传感器：将超声波信号转换成其他能量信号（通常是电信号）的传感器，通常用于距离测量和探伤（见图 16.1）。

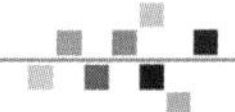

图 16.1 超声波传感器①示意图

小知识

声波与超声波：声音是由物体振动产生的，是通过介质（空气、固体或液体）传播并能被人或动物听觉器官所感知的波动现象，其本质是一种压力波②，这种压力波被称为声波。声波在空气中的传播速度受温度和气压影响。在一个标准大气压下、环境温度 15℃时，声速为 340 m/s。物体每秒钟振动的次数称为频率，单位是赫兹（Hz）。振动频率在 20 ~ 20 000 Hz 的声音可以被人类听到，低于 20 Hz 的声音叫作次声波，高于 20 000 Hz 的声音叫作超声波，如图 16.2 所示。超声波具有方向性好，反射能力强的特点，可用在测距、清洗、医疗等方面。

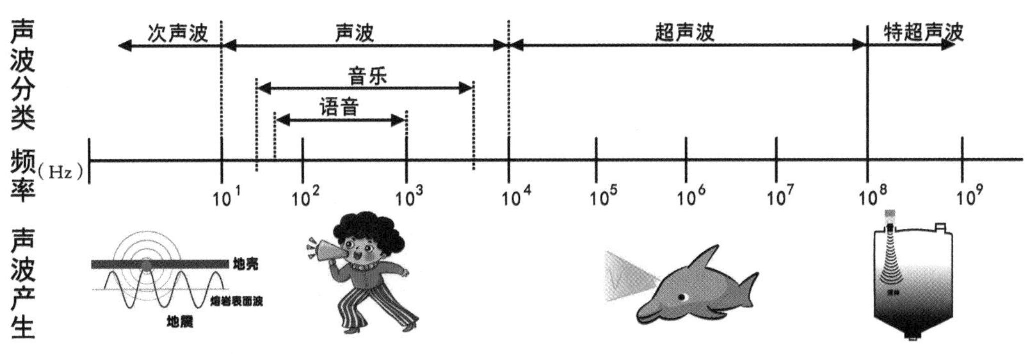

图 16.2 声波频率图谱示意图

① 超声波传感器：本课中所用的超声波传感器型号是 HC-SR04，采用直流 5 V 供电，测量范围 2~400 cm。

② 压力波：气体与固体不同，它很容易被压缩，当波在气体中机器压力变动时，气体的密度将产生与压力相同形式的变动，这种变动称为压力波。

结 构

超声波传感器主要由超声波发射端、接收端和接线端子组成，如图 16.3 所示，各引脚含义见表 16.1。

发射端：由片状的压电晶体组成，这种材料在接收到变化的电压时，可以产生变形，引发高频次的振动，进而产生超声波。

接收端：内置敏感元件，用于接收由障碍物反射回来的超声波。在接收到超声波的时候，引起敏感元件伸缩，在其两个表面上便产生极性相反的电荷，这些电荷被转换成电压信号传递出来。

接线端子：用于连接电源和对外传递距离信息。

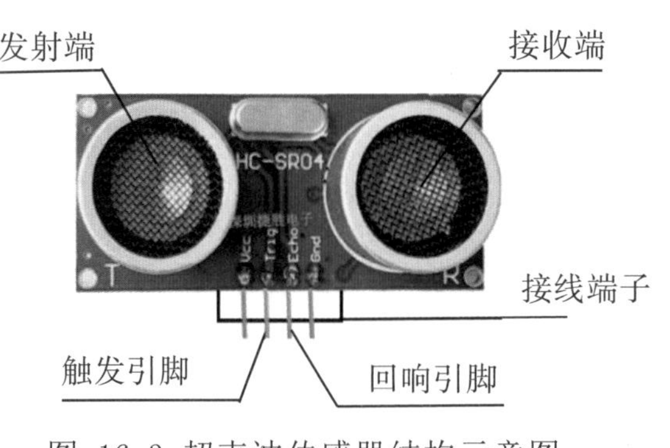

图 16.3 超声波传感器结构示意图

表 16.1 超声波传感器引脚含义

引脚名称	描述
Vcc	5 V 接电源正极
Trig 触发引脚	输入发出超声波的控制信号
Echo 回响引脚	输出声波往返时间 t
Gnd	接电源负极

工作原理

超声波传感器用于距离测量时，利用距离公式“距离=速度×时间”进行测量。在传感器内部有一计时器，当发射超声波时开始计时，当接收端接收到返回的超声波信号时停止计时，如图 16.4 所示。

由于超声波发出遇到障碍物返回后经历了往返的路程，所以实际的测距公式为：$s=340\ \text{m/s}\times t\div 2$。

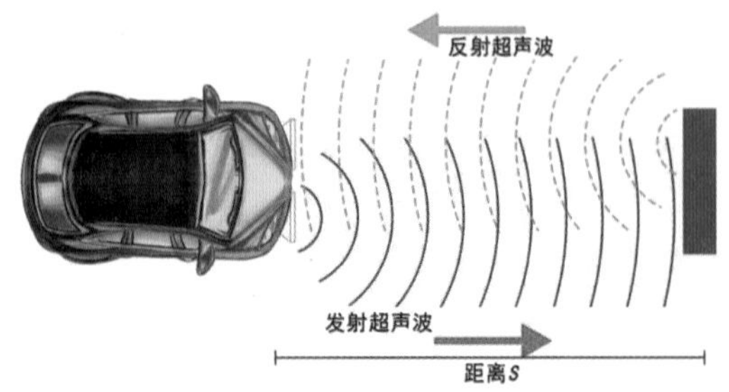

图 16.4 超声波传感器的工作原理

思考应用

同学们，想一想，如何利用超声波传感器实现测距功能呢？

1. 超声波传感器工作过程介绍

（1）发送触发信号：使用数字引脚给 SR04 模块的 Trig 引脚至少 10 μs 的高电平信号，触发 SR04 模块的测距功能，如图 16.5 所示。

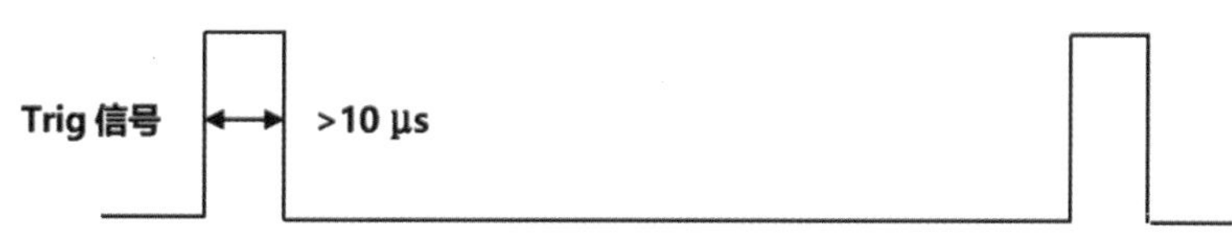

图 16.5　发送触发信号

（2）超声波模块发出超声波脉冲：触发测距功能后，模块会自动发出 8 个 40 kHz 的超声波脉冲，并自动监测是否有信号返回，如图 16.6 所示。这一步由模块内部自动完成。

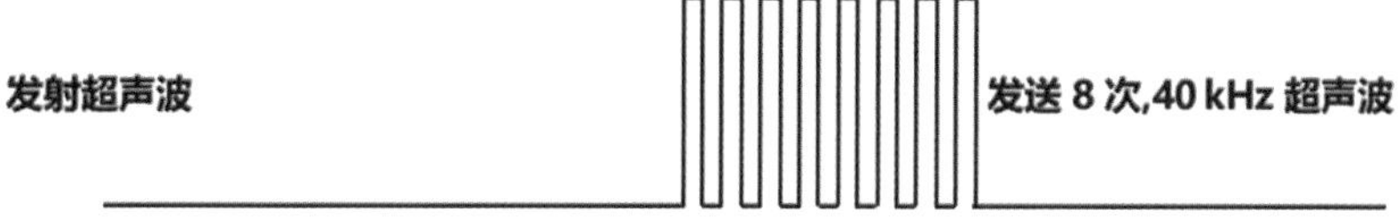

图 16.6　发射超声波

（3）超声波传感器输出回响信号：若有信号返回，Echo 引脚会输出高电平，高电平持续时间就是超声波从发射到返回的时间，如图 16.7 所示。障碍物距离 =（高电平时间 $t \times 340$ m/s）÷ 2。

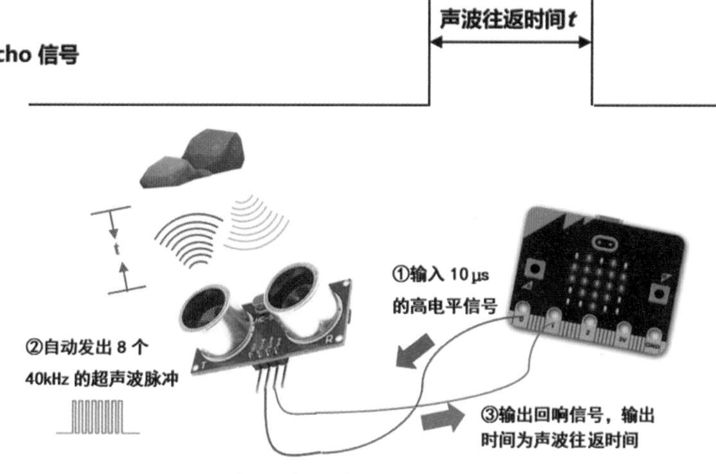

图 16.7　超声波传感器实现测距功能示意图

2. 编程实现超声波测距功能

通过数字引脚向 Trig 发送至少 10 μs 的高电平信号，触发超声波传感器发送超声波；检测 Echo 引脚的输出，并测量高电平的宽度 *t*；计算障碍物距离。表 16.2 为引脚对应关系。

表 16.2 引脚对应关系

Micro:bit 引脚	VIN	pin0	pin1	GND
超声波传感器引脚	GND	Trig	Echo	Gnd

参考程序

```
# 超声波传感器：距离返回值以厘米为单位
from microbit import *
from time import sleep_us              # 导入 time 模块
from machine import time_pulse_us              # 导入 machine 模块
while True:
    pin1.read_digital()              # 读取 Echo 引脚上的电平
    # 设置 pin0 引脚为高电平，通过该引脚向 Trig 输出高电平信号
    pin0.write_digital(1)
    sleep_us(10)              # 高电平信号持续 10 μs
    pin0.write_digital(0)       # 向 Trig 引脚输入低电平信号
    # 测量 Echo 引脚输出高电平持续时间（超声波从发射到返回的时间），
并赋值给 ts
    ts = time_pulse_us(pin1, 1, 5000)
    if ts > 0:                                   # 如果持续时间大于 0
        distance = ts * 0.034 // 2       # 利用该公式计算障碍物的距离
    else:
        distance = ts    # 测量脉冲过程中超时，ts 返回错误代号-1 或-2
    print(distance)         # 在 REAL 上打印显示出距离或错误代号
    sleep(500)
```

代码解析

（1）导入模块。

导入 time 模块：MicroPython 是 Python3 语言的精简高效实现，Micropython

在每个模块中实现 Python 部分功能。标准 Python 模块的 Micropython 版本，通常有“u”的前缀，如 Python 标准库中的 time 模块，在 Micropython 中是 utime。若在 Micro:bit 中导入 time 模块之后，会先搜索 time 模块目录，如果找到，就加载；如果没找到，就后退加载 utime。

导入 machine 模块：machine 库包含与硬件相关的特定函数。

（2）time_pulse_us()函数。

使用该函数，可以获取指定引脚上输入脉冲，返回脉冲持续时间，单位为微秒（μs）。语法结构如下：

```
time_pulse_us(pin, pulse_level, timeout_us=1000000)
```

参数说明

pin：获取脉冲时间的特定引脚。

pulse_level：脉冲电平参数。**pulse_level** 为 0 时，为脉冲低电平部分计时，参数为 1 时，为脉冲高电平部分计时。

timeout_us：若长时间等待不到脉冲信号会引发超时，函数将会返回-2 或者-1。默认时间是 1 000 000 μs。

（3）距离公式：distance= t * 0.034 // 2

已知超声波在空气中传播速度为 340 m/ s，可换算成 0.034 cm/μs，测量出超声波从发射到返回的时间 *t*(μs)，超声波传播距离为实际距离的 2 倍，可计算出超声波到障碍物的距离，所以距离公式：distance = t * 0.034 // 2。“//”表示整除，即只取商的整数部分。

分析组成

同学们，请分析一下，智能手机支架是由哪几部分组成的？

结构分析

超声波传感器

控制器

舵机

功能分析

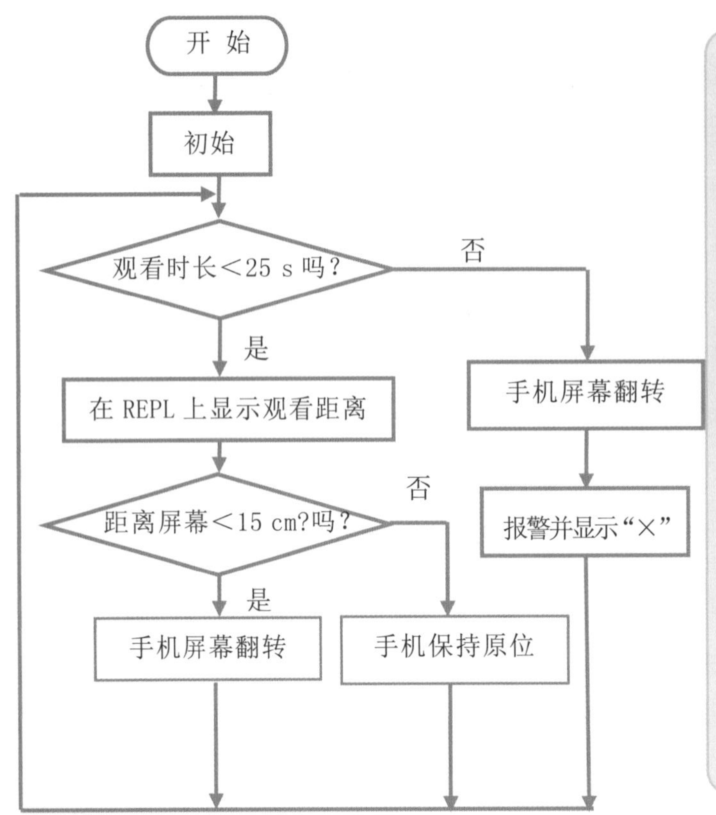

智能手机支架

当观看时间在规定时间范围内（程序里设为 25 s 以内），如果观看距离手机过近（小于 15 cm），手机就翻折到背面。如果观看距离大于 15 cm，手机就正面朝向用户。

当观看时间过长，超过 25 s，手机直接翻折到背面，同时报警（显示“×”和音乐“JUMP_DOWN”）。

编程语法

在 Micro:bit 中除了可以使用 Micropython 的标准函数以外，还支持自定义函数。即通过将一段有特定功能的代码定义为函数，来达到一次编写，多次调用的目的。使用函数可以提高代码的重复利用率。

1. 创建一个自定义函数

创建一个自定义函数可以简单地理解为创建了一个具有某种用途的工具，使用“def”关键字定义，具体的语法格式如下。

```
def 函数名(形式参数)
    [ 函数体 ]
    return [表达式]
```

参数说明

函数名：除了关键字和已经被 Micro:bit 定义过的保留字以外，都可以作为

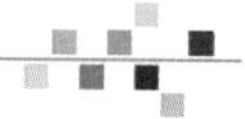

函数名使用，注意区分大小写。

形式参数：用于指定向函数中传递的参数，在整个自定义的函数体内都可以使用，离开该函数就不能使用。如果没有参数，必须保留一对空的小括号()；如果有多个参数，各参数间使用逗号“,”分隔。

函数体：即该函数被调用后，要执行的功能代码。如果想要定义一个什么都不做的空函数，可以使用“pass”语句作为占位符。

return：用于退出函数，向调用方返回一个表达式。执行到 return 语句时，会退出函数，return 之后的语句不再执行。如果自定义函数没有要返回的表达式，return 可以不写。示例代码如下。

```
# 将超声波测距功能改写为函数自定义函数形式
# 创建函数
def distance(trig, echo):
    echo.read.digital()
    trig.write.digital(1)
    sleep_us(10)
    trig.write.digital(0)
    ts = time_pulse_us(echo, 1, 5000)
    if ts > 0:
        return ts * 0.034 //2
    else:
        return ts
```

2. 调用函数

调用函数即执行函数，如果把创建的函数理解成是创建了一个具有某种用途的工具，那么调用函数就相当于使用该工具。调用函数的基本语法格式如下。

```
函数名（实际参数）
```

参数说明

函数名：要调用的函数名称必须是已经创建好的。

实际参数：用于指定形式参数的值。如果需要传递多个参数值，则各参数值间使用逗号“,”分隔。如果该函数没有参数，则直接写一对小括号()即可。示例代码如下。

```
# 将超声波测距功能改写为函数自定义函数形式
# 调用创建的自定义函数
distance(pin0, pin1)
```

3. 形式参数和实际参数之间的关系

在调用函数的时候，大多数情况下，主调函数和被调函数之间有数据传递关系，这种属于有参数的函数形式。函数参数的作用是传递数据给函数使用，函数利用接收到的数据进行具体的操作。

简单地来看，形式参数就是变量名，实际参数就是变量值。

例如，在“def distance(trig, echo)”中“trig”和“echo”就是两个变量名，用来存放超声波传感器的发射引脚值和接收引脚值；在“distance(pin0, pin1) ”中“pin0”和“pin1”就是两个具体的变量值。当然我们也可以更换成其他引脚，如“pin3”和“pin8”。

4. 超声波测距：自定义函数法

示例程序

```
# 超声波传感器：用自定义函数的方法
from microbit import *
from time import sleep_us
from machine import time_pulse_us
# 创建自定义函数，形参 trig、echo 用于存放实参 pin0、pin1 引脚值
def distance(trig, echo):      # trig、echo 是形式参数
    echo.read_digital()
    trig.write_digital(1)
    sleep_us(10)
    trig.write_digital(0)
    ts = time_pulse_us(echo, 1, 5000)
    if ts > 0:
        return ts * 0.034 // 2
    else:
        return ts
while True:
# 调用创建的自定义函数，将实参 pin0、pin1 的引脚值传递给形参 trig、echo
    dist = distance(pin0, pin1)    #pin0 和 pin1 是实际参数
    print(dist)
    sleep(500)
```

设计创造

同学们，让我们利用刚才所学的知识，设计智能手机支架，并结合流程图编写程序吧！

硬件连接

参考程序

```
# 智能手机支架：超声波传感器接 pin0/pin1，舵机接 pin16
from microbit import *
from machine import time_pulse_us        # 导入 machine 模块
import utime                             # 导入 utime 模块
import music                             # 导入音乐模块
pin16.set_analog_period(20)     # 9g 舵机插在 PIN16，在 0~180°往复运动，间隔 2 ms
 # 创建自定义函数，形参 trig、echo 用于存放 pin0、pin1 引脚值
def distance(trig, echo):
    echo.read_digital()
    trig.write_digital(1)
    utime.sleep_us(10)
    trig.write_digital(0)
    ts = time_pulse_us(echo, 1, 5000)
    if ts > 0:
        return ts * 0.034 // 2
    else:
        return ts
```

```
t0 = utime.ticks_ms()                    # 记录刚开始的系统时间
while True:
    t1 = utime.ticks_ms()                # 记录此时的系统时间
    time = t1-t0                         # 计算观看手机屏幕的总时长
    if time < 25000:                     # 如果观看手机屏幕时长在 25 s 内
    # 调用创建的自定义函数，将实参 pin0、pin1 的引脚值传递给形参 trig、echo
        dist = distance(pin0, pin1)      # 测量用户到手机之间的距离
        print(dist)                      # 在 REPL 上显示距离
        sleep(500)
        if 0<= dist <= 15:               # 如果观看手机屏幕的距离小于且等于 15 cm
            pin16.write_analog(128)      # 手机直接翻转 180°（舵机旋转 180°）
        else:                            # 否则
            pin16.write_analog(25.6)     # 手机保持原位（舵机旋转 0°）
    else:                                # 观看手机屏幕时长大于或等于 25 s
        display.show(Image.NO)           # 显示屏显示“×”，即停止观看
        pin16.write_analog(128)          # 手机直接翻转 180°（舵机旋转 180°）
        music.play(music.JUMP_DOWN, loop=True)        # 播放警告音乐
```

目标检测

同学们，学习完本节课，你们是否已经掌握了以下知识点？请回顾学习过程，自我检测一下吧！

- [ ] 掌握超声波的定义、结构及工作原理。
- [ ] 掌握自定义函数的创建和调用。
- [ ] 了解形式参数与实际参数。
- [ ] 掌握用程序控制超声波测距的方法。

拓展提高：全局变量和局部变量

在 Python 中，全局变量指的是可以作用于函数外部和内部的变量，局部变量则只在函数内部有效。

1. 全局变量：在函数外部定义

变量在函数外部定义后，这个变量可以在函数内部访问，也可以在函数外部访问。

示例：定义一个全局变量“a”，然后定义一个函数“test”，最后在函数的内部和外部输出全局变量“a”的值。代码如下。

```
a = 100                    # 定义全局变量 a
def test()                 # 创建自定义函数 test
    print(a)               # 在函数内部输出全局变量 a
    print("------")
test()                     # 调用创建的自定义函数
print(a)                   # 在函数外部输出全局变量 a
```

执行后的结果如下。

```
100  # 从函数内部输出的全局变量 a
------
100  # 从函数外部输出的全局变量 a
```

2. 局部变量：在函数内部定义

示例：定义相同变量名称，不同内容的全局变量和局部变量“a”，并输出；代码如下。

```
a = 100              # 定义全局变量 a
print(a)          # 在函数外部输出全局变量
def test()           # 创建自定义函数 test
    print("------")
    a =50          # 定义局部变量 a
    print(a)       # 在函数内部输出局部变量 a
    print("------")
test()               # 调用创建的自定义函数
print(a)           # 在函数外部输出全局变量 a
```

执行后的结果如下。

```
100
------
50
------
100
```

从上面的结果可以看出，局部变量和全局变量重名，不影响全局变量的值。

在 Python 中，内部定义的函数中添加“global”关键词后，该变量就变成了全局变量，在函数外部也可以访问到该变量，同时还可以在函数内部进行修改。

```
a = 100                     # 定义全局变量 a
print(a)                    # 在函数外部输出全局变量
def test()                  # 创建自定义函数 test
    print("------")
    global a                # 添加 global 关键词
    a =50                   # 定义局部变量
    print(a)
    print("------")
test()                      # 调用创建的自定义函数
print(a)                 # 在函数外部输出全局变量 a
```

执行后的结果如下。

```
100
-------
50
-------
50
```

在 Python 中局部变量可以和全局变量重名，但在编写程序时尽量避免，一般将全局变量书写为“g_变量名”。

17 液晶显示屏

关键词：LCD1602、自定义模块

发现问题

对于 Micro:bit 来说，当我们想显示一些数据和字符时，可以使用控制板上自带的点阵屏和 MU 上面的 REPL 功能，但是点阵屏上一次显示的字符数量有限，REPL 又不能脱机运行，在数据显示上有一些不方便，那有没有其他的显示方法呢？让我们一起来寻找答案吧！

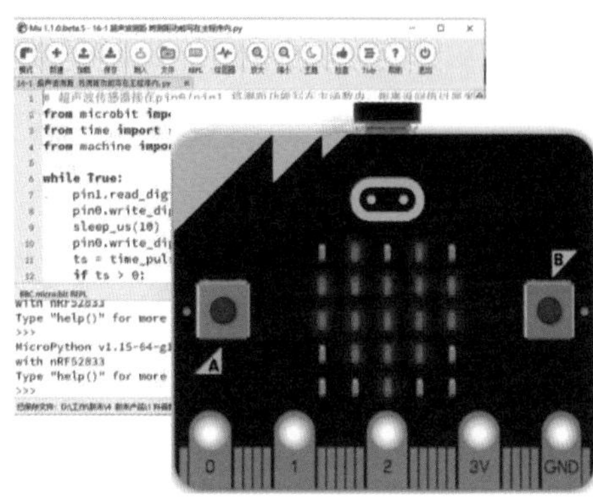

搜索答案

液晶显示屏由于具有耗电量低、体积小、价格便宜等特点，被广泛用作消费类电子产品的显示屏幕（见图 17.1）。

图 17.1 液晶显示屏的应用

>>> 定义 <<<

液晶屏：一种利用液晶[1]的物理特性，通过电压对其显示区域进行控制，可以显示出图形的显示器。液晶屏通常称作 LCD 屏（Liquid Crystal Display，意为“液态晶体显示屏”）。

>>> 工作原理 <<<

液晶屏 LCD1602（见图 17.2）的工作原理

LCD 液晶显示器中 16 代表每行显示 16 个字符，02 代表 2 行，共能显示 16×2 个字符，每个字符都是 5×7 个像素组成。液晶屏最里层为背光灯，负责发出光线，前方放置两片电极板，在电极板之间填充液态晶体，其中的液晶组成每一个像素（见图 17.3）。当电极板有电时，会使液晶分子方向重新排列，产生透光度的差别，使每个像素点亮或熄灭。因此，每个液晶就像百叶窗，既允许光线穿过又能挡住光线（见图 17.4）。由于每个字符区域之间是不连续的，因此这种液晶屏幕不适合汉字和图形的显示。

图 17.2 LCD1602 像素排列图

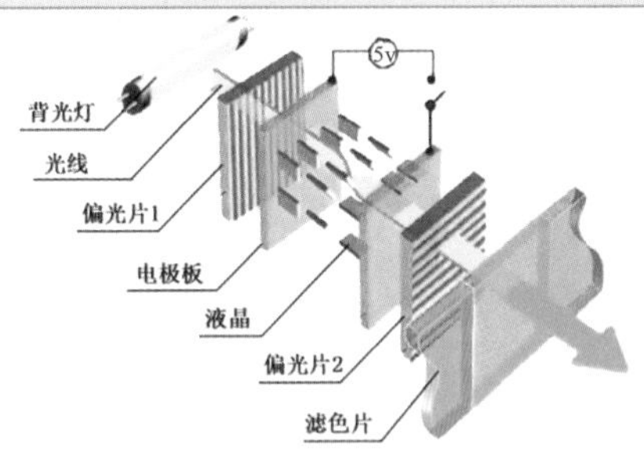

图 17.3 LCD 屏工作原理

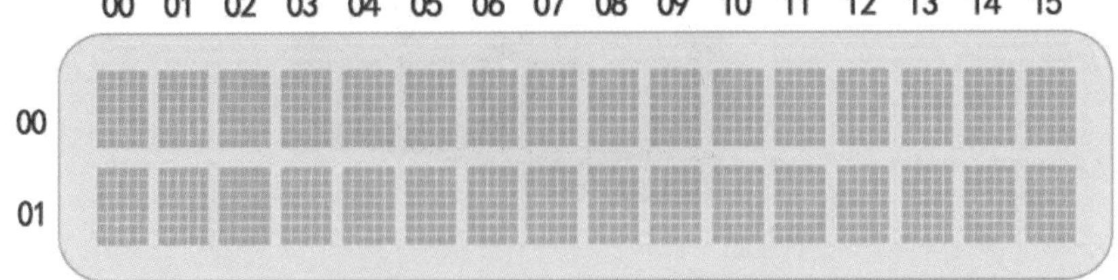

图 17.4 LCD1602 像素排列图

① 液晶：某些物质在熔融状态或被溶剂溶解之后，失去固态物质的刚性，获得液体的易流动性，并保留着部分晶态物质分子的各向异性有序排列，形成一种兼有晶体和液体的部分性质的中间态，这种由固态向液态转化过程中存在的取向有序流体称为液晶。

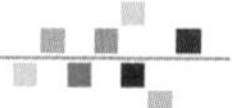

思考应用

同学们，想一想，如何利用 Micro:bit 让 LCD1602 显示文字？

在 Micro:bit 上有一对特殊引脚 pin19、pin20，支持 I²C 总线通信协议。I²C 总线是一种简单、双向串行总线[①]。它只需要两根线即可在连接于总线上的器件之间传送信息。Micro：bit 上板载的磁力传感器和加速度传感器都在内部接到了 I²C 上（见图 17.5）。

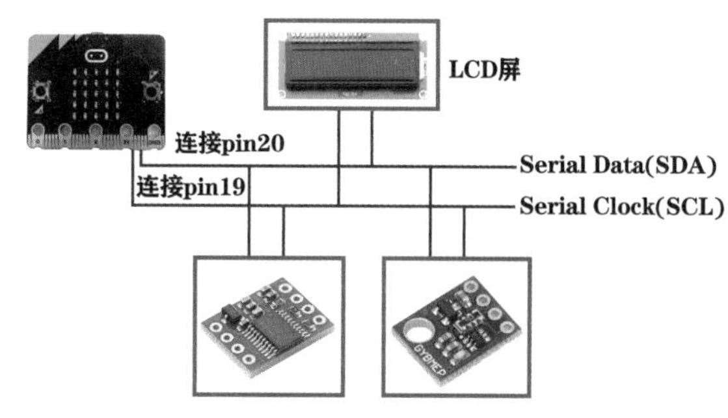

图 17.5 I²C 总线连接方式

LCD1602 液晶显示模块使用了 I²C 接口，将烦琐的引脚通过 I²C 总线结构，简化为 4 根，大大的节省了引脚资源。I²C 串行总线一般有两根信号线，一根是双向数据线 SDA，一根是时钟线 SCL（见图 17.6）。

控制盒	LCD 屏	功能
V（5 V）	Vcc	电源正极
G（GND）	GND	电源负极
Pin 20	SDA	数据线
Pin 19	SCL	时钟线

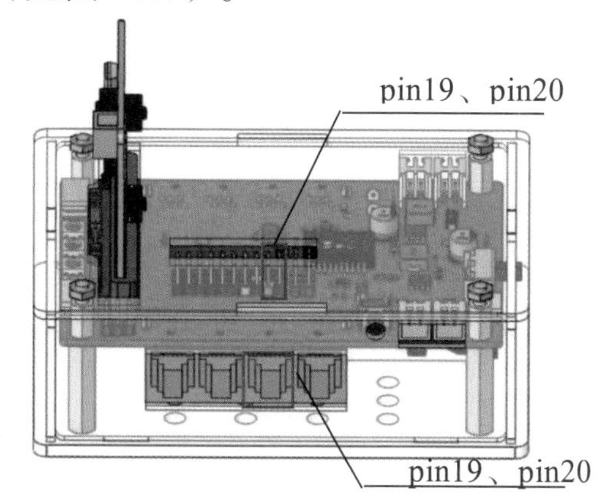

图 17.6 LCD 屏与控制盒连线示意图

1. 打开和关闭显示功能

参考程序

```
# 打开、关闭 LCD 的显示功能
from microbit import *
from lcd1602 import *        # 加载 lcd1602 库
```

① 总线：计算机各种功能部件之间传送信息的公共通信干线。

```
lcd = LCD1602()       # 将 lcd1602 模块实例化
lcd.on()              # 调用函数，打开 LCD 显示屏
sleep(5000)
lcd.off()             # 调用函数，关闭 LCD 显示屏
```

代码解释

首先要加载 LCD 显示屏的三方应用库 lcd1602.py 到 microbit 的文件系统（见图 17.7）；其次在程序中加载 lcd1602 库：加载的语法是“from 模块的名称 import”；然后将模块实例化，实例的名称是“lcd”；最后就可以通过“实例名.函数名”的方式调用函数功能了。

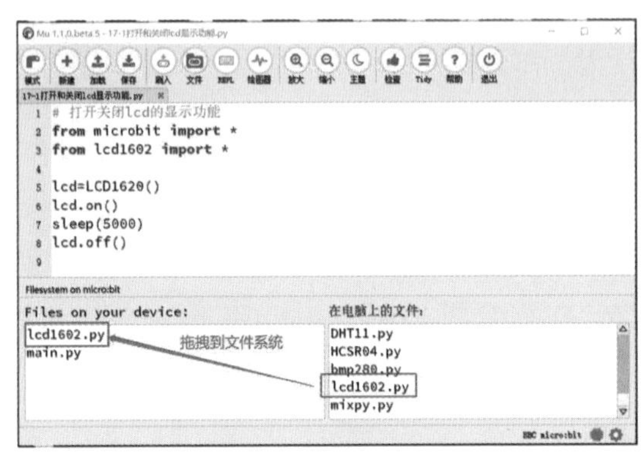

图 17.7 加载 lcd1602.py 到 Micro:bit 的文件系统

2. 打开背光灯，写文字和清屏

参考程序

```
# 打开背光灯、写文字和清屏
from microbit import *
from lcd1602 import *                # 加载 lcd1602 库

lcd = LCD1602()                      # 将 lcd1602 模块实例化
lcd.on()                             # 调用函数，打开 LCD 显示屏
lcd.backlight(0)                     # 关闭 LCD 背光板
lcd.puts("hello world", 0, 0)        # 在 LCD 显示屏(0,0)上显示 hello world 字符串
lcd.puts("I Love Python", 0, 1) # 在 LCD 显示屏(0,1)上显示 I Love Python 字符串
sleep(5000)
lcd.backlight(1)                     # 打开 LCD 背光板
sleep(5000)
lcd.clear()                          # 调用函数，清除显示屏内容
sleep(5000)
lcd.off()                            # 调用函数，关闭显示屏
```

代码解释

“backlight()”函数设置背光板的数字量输入，可以是“0”和“1”，如果写入“0”，则为低电平，背光板处于关闭状态；如果写入“1”，则为高电平，背光板处于打开状态。

“clear()”函数进行清除显示屏内容的操作。

“puts()”函数用于在显示屏特定位置进行字符串的输入操作

分析组成

同学们，请分析一下，测距吉他是由哪几部分组成的？

结构分析

功能分析

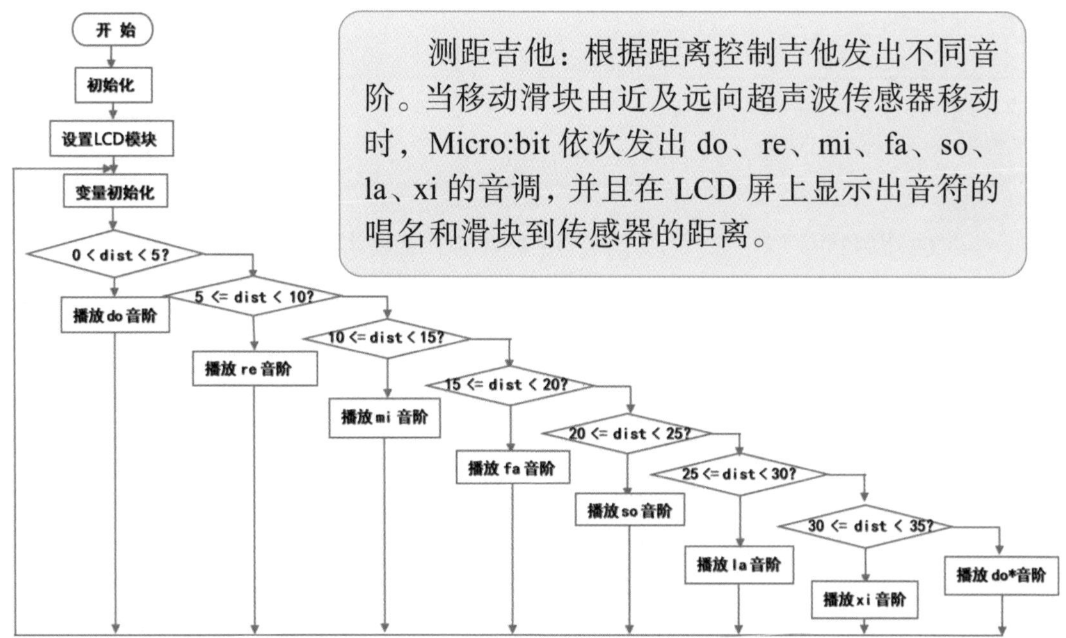

编程语法

将自定义的超声波函数，转变成自定义模块（三方库）的方法：

（1）创建自定义模块：找到 16 课超声波测距自定义函数那段程序，将此程序的函数调用部分删除，剩余的程序保存为“HCSR04.py”（见图 17.8）。

（2）将三方库放入文件系统：“HCSR04.py”放入计算机 C 盘→用户→mu_code 文件夹的根目录下，然后点击 Mu 编辑器中的文件按钮，此时可以看到“在电脑上的文件”窗口内，出现了“HCSR04.py”的文件，用鼠标左键点击并拖动该文件到“files on your device”窗口下。

（3）导入自定义模块：“import.HCSR04”，如图 17.9 所示。

（4）调用模块中的变量或者是函数，此时需要在变量名或者函数名前面增加“模块名.”为前缀。例如，“HCSR04.distance(pin3, pin8) ”。

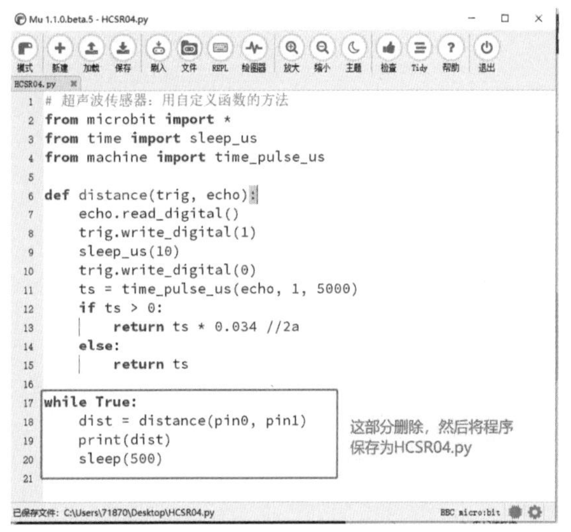

图 17.8 自定义超声波函数转变成三方库

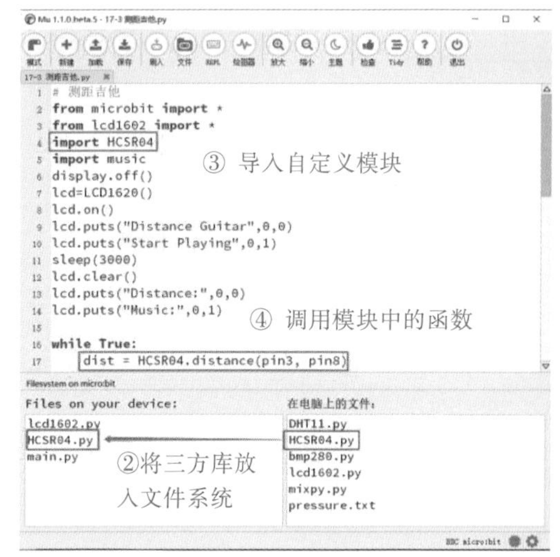

图 17.9 加载HCSR04.py 到microbit 的文件系统

设计创造

同学们，让我们利用刚才所学的知识，设计测距吉他，并结合流程图编写程序吧！

硬件连接

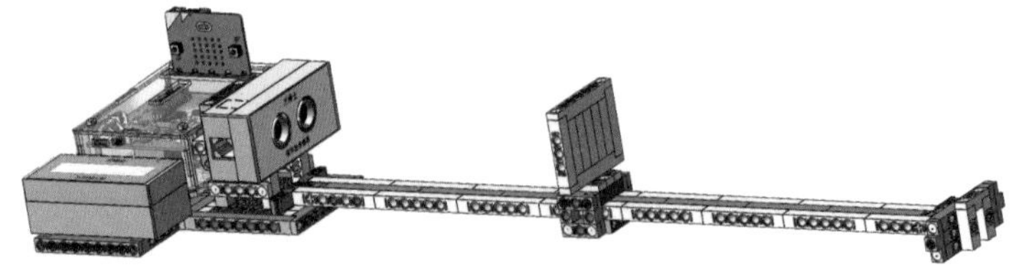

参考程序

```
# 测距吉他：将 LCD 屏放在 pin19、pin20，将超声波传感器放在 pin3、pin8。
from microbit import *
from lcd1602 import *                        # 加载 lcd1602 库
import HCSR04                                # 导入自定义超声波测距模块
import music                                 # 导入音乐模块
display.off()                                # 关闭 LED 显示屏，进入 GPIO 模式
lcd = LCD1602()                              # 将 lcd1602 模块实例化
lcd.on()                                     # 调用函数，打开显示屏
lcd.puts("Distance Guitar", 0, 0)   # 在 lcd 显示屏(0,0)位置显示 Distance Guitar 字符串
lcd.puts("Start Playing", 0, 1)     # 在 lcd 显示屏(0,1)位置显示 Start Playing 字符串
sleep(3000)
lcd.clear()                                  # 清除显示屏内容
lcd.puts("Distance:", 0, 0)         # 在 lcd 显示屏(0,0)位置显示 Distance 字符串
lcd.puts("Music:", 0, 1)            # 在 lcd 显示屏(0,1)位置显示 Music 字符串

while True:
    dist = HCSR04.distance(pin3, pin8)  # 超声波传感器测出的距离赋值给变量 dist
    lcd.puts(str(dist), 10, 0)          # 在 LCD 显示屏(10,0)位置显示距离值
    if dist >= 0 and dist < 5:          # 如果障碍物距离范围在 0~5 cm
        music.pitch(256, 500)       # 调用 pitch 函数，发出 256 Hz 的声音持续 0.5 s
        lcd.puts("do", 7, 1)        # 在 LCD 显示屏(7,1)位置显示 do 音阶
    elif dist >= 5 and dist < 10:       # 如果障碍物距离范围在 5~10 cm
        music.pitch(288, 500)       # 调用 pitch 函数，发出 288 Hz 的声音持续 0.5 s
        lcd.puts("ri", 7, 1)        # 在 LCD 显示屏(7,1)位置显示 ri 音阶
    elif dist >= 10 and dist < 15:      # 如果障碍物距离范围在 10~15 cm
        music.pitch(320, 500)       # 调用 pitch 函数，发出 320 Hz 的声音持续 0.5 s
        lcd.puts("mi", 7, 1)        # 在 LCD 显示屏(7,1)位置显示 mi 音阶
    elif dist >= 15 and dist < 20:      # 如果障碍物距离范围在 15~20 cm
        music.pitch(341, 500)       # 调用 pitch 函数，发出 341 Hz 的声音持续 0.5 s
        lcd.puts("fa", 7, 1)        # 在 LCD 显示屏(7,1)位置显示 fa 音阶
    elif dist >= 20 and dist < 25:      # 如果障碍物距离范围在 20~25 cm
        music.pitch(384, 500)       # 调用 pitch 函数，发出 384 Hz 的声音持续 0.5 s
        lcd.puts("so", 7, 1)        # 在 LCD 显示屏(7,1)位置显示 so 音阶
```

```
    elif dist >= 30 and dist < 35:      # 如果障碍物距离范围在 30~35 cm
        music.pitch(480, 500)     # 调用 pitch 函数，发出 480 Hz 的声音持续 0.5 s
        lcd.puts("xi", 7, 1)     # 在 LCD 显示屏(7,1)位置显示 xi 音阶
    else:                          # 否则障碍物距离范围大于 35 cm
        music.pitch(512, 500)     # 调用 pitch 函数，发出 512 Hz 的声音持续 0.5 s
        lcd.puts("do*", 7, 1)     # 在 LCD 显示屏(7,1)位置显示 do*音阶
    print(dist)                    # 在 REPL 上显示距离值
```

设计创造

同学们，学习完本节课，你们是否已经掌握了以下知识点？请回顾学习过程，自我检测一下吧！

- ☐ 掌握液晶屏的内涵、结构及工作原理。
- ☐ 掌握自定义函数转换成自定义模块的方法。
- ☐ 编程实现 LCD 显示功能。

拓展提高：数据传输

在计算机系统中，数据以二进制信息单元 0、1 的形式表示。每个 0 或 1 就是一个位(bit),位是数据存储的最小单位。其中 8 bit 就称为一个字节(Byte)。Micro:bit 控制板内，中央处理器处理数据的最大位数是 32 位。

数据传输是数据从一个地方传送到另一个地方的通信过程。按数据传输的顺序可以分为并行传输和串行传输（见图 17.10）。

并行传输：将数据以成组的方式在两条以上的信息传输通道上同时传送。优点是速度快，缺点是彼此容易干扰。

串行传输：将数据一位一位地在一条信息传输通道上顺序传送，优点是正确率高、稳定性强，缺点是速度稍慢。

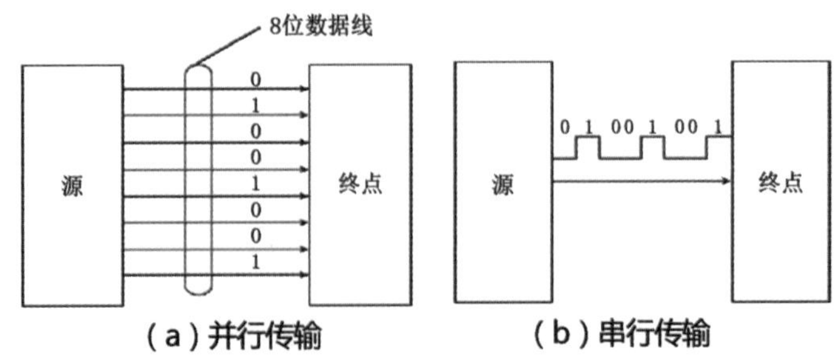

图 17.10 并行传输和串行传输

18 自由创作

小禾，我们已经学习了Micro:bit板载硬件及外接设备的工作原理和编程控制方法，那我们还可以利用Micro:bit做什么呢？如何才能创造出新作品呢？

小新，其实你提出的这个问题是令很多人困惑的难题，让我们一起寻找解决问题的答案吧！

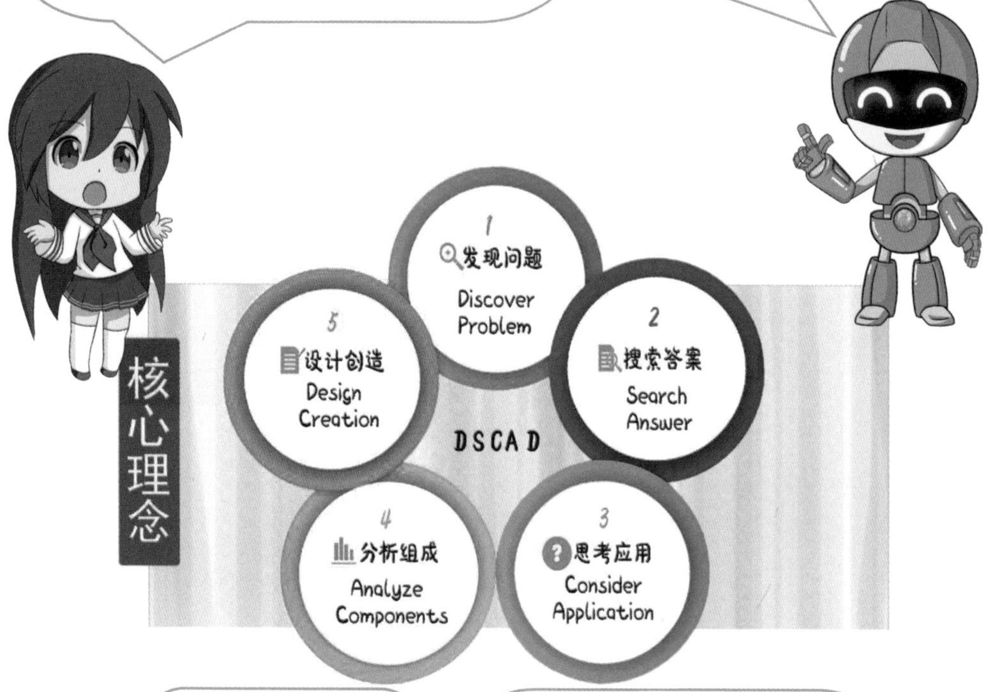

噢，我明白了，在今后实际生活中，我会记住并应用这种方法，谢谢你小禾！

遇到问题时我们要本着发现问题、搜索答案、思考应用、分析组成、设计创造，这五步去应对，这是解决问题的一把金钥匙。

拓展提高

同学们，请展示你们自己设计创造的作品吧！

拓展提高

同学们，通过对 Micro:bit 的板载硬件及外接设备的学习，结合自主设计的作品，谈一谈自己的认识和收获吧！